# KỸ THUẬT THỰC HÀNH TRỒNG DÂU NUÔI TẰM

（ BẢN SONG NGỮ TRUNG VIỆT ）

## （中越对照版）

那坡县文化体育广电和旅游局
CỤC VĂN HÓA THỂ THAO, PHÁT THANH TRUYỀN
HÌNH VÀ DU LỊCH HUYỆN NA PHA

组织编写
TỔ CHỨC BIÊN SOẠN

中共那坡县委宣传部
BAN TUYÊN TRUYỀN HUYỆN ỦY HUYỆN NA PHA,
ĐẢNG CỘNG SẢN TRUNG QUỐC

白景彰　主编
BẠCH CẢNH CHƯƠNG　CHỦ BIÊN

黄香漓　译
HOÀNG HƯƠNG LY　DỊCH

U0396405

广西科学技术出版社
NHÀ XUẤT BẢN KHOA HỌC KỸ THUẬT QUẢNG TÂY

图书在版编目（CIP）数据

种桑养蚕实用技术：中越对照版/ 白景彰主编. —南宁：广西科学技术出版社，2023.11

ISBN 978-7-5551-2059-9

Ⅰ.①种… Ⅱ.①白… Ⅲ.①蚕桑生产—汉、越 Ⅳ.①S88

中国国家版本馆CIP数据核字（2023）第195236号

**种桑养蚕实用技术（中越对照版）**

白景彰　主编　黄香漓　译

责任编辑：黎志海　覃　艳　　　　　封面设计：韦宇星
责任印制：陆　弟　　　　　　　　　责任校对：吴书丽
越南文审读：侯尚宏　　　　　　　　越南文校对：卢锦缨

出 版 人：梁　志
出版发行：广西科学技术出版社　　　地　　址：广西南宁市东葛路66号
邮政编码：530023　　　　　　　　　网　　址：http://www.gxkjs.com

经　　销：全国各地新华书店
印　　刷：广西民族印刷包装集团有限公司

开　　本：889 mm×1194 mm　1/32
字　　数：139千字　　　　　　　　印　　张：4.75
版　　次：2023年12月第1版　　　　印　　次：2023年12月第1次印刷
书　　号：ISBN 978-7-5551-2059-9
定　　价：88.00元

# 目　录

第一章　桑树栽培技术……………………………………… 1

　一、桑苗繁育…………………………………………… 1

　二、桑园建设与管理………………………………… 5

　三、桑叶采收…………………………………………… 8


第二章　桑树主要病虫害及防治…………………… 10

　一、桑树主要病害及防治………………………… 10

　二、桑树主要虫害及防治………………………… 18

　三、桑园专用农药及使用技术………………… 22


第三章　养蚕技术………………………………………… 25

　一、蚕的生活史……………………………………… 25

　二、养蚕前的准备工作…………………………… 25

　三、蚕品种的选择………………………………… 30

　四、蚕种催青………………………………………… 30

　五、收蚁………………………………………………… 32

　六、小蚕饲育技术………………………………… 35

　七、大蚕饲育技术………………………………… 44

　八、上蔟及采茧…………………………………… 50


第四章　蚕主要病害防治…………………………… 54

　一、蚕病毒病及防治……………………………… 54

二、蚕真菌病及防治…………………………………………… 55

三、蚕细菌病及防治…………………………………………… 57

四、蚕微粒子病及防治………………………………………… 59

五、蚕寄生性病害及防治……………………………………… 60

六、蚕中毒性病害及防治……………………………………… 61

# Mục lục

**CHƯƠNG I    KỸ THUẬT TRỒNG CÂY DÂU TẰM** ·········· 65

I. Nhân giống dâu tằm ···································· 65

II. Xây dựng và quản lý vườn dâu ···················· 69

III. Thu hoạch lá dâu ································· 74

**CHƯƠNG II    CÁC LOẠI SÂU BỆNH HẠI CHÍNH TRÊN CÂY DÂU VÀ BIỆN PHÁP PHÒNG TRỪ** ··················· 75

I. Các loại bệnh hại chính trên cây dâu và biện pháp phòng trừ ···································· 75

II. Các loài sâu hại chính trên cây dâu tằm và biện pháp phòng trừ ···································· 85

III. Thuốc chuyên dùng cho vườn dâu và kỹ thuật sử dụng ········· 90

**CHƯƠNG III    KỸ THUẬT NUÔI TẰM** ·················· 95

I. Vòng đời của tằm ································· 95

II. Công tác chuẩn bị trước khi nuôi tằm ············· 96

III. Lựa chọn giống tằm ···························· 101

IV. Kích thích trứng tằm xanh nở sớm ··············· 102

V. Băng tằm ······································· 104

VI. Kỹ thuật nuôi tằm con ························· 107

VII. Kỹ thuật nuôi tằm lớn ························· 118

VIII. Lên né và thu hoạch kén ···················· 126

# CHƯƠNG IV PHÒNG CHỐNG BỆNH HẠI CHỦ YẾU Ở TẰM

·················· 130

I. Các bệnh do nhiễm virus ở tằm và Biện pháp phòng trừ ········130

II. Các bệnh nấm ở tằm và Biện pháp phòng trừ ···················132

III. Các bệnh do vi khuẩn ở tằm và Biện pháp phòng trừ ········135

IV. Bệnh đốm tằm và Biện pháp phòng trừ ·······················137

V. Các bệnh ký sinh trùng ở tằm và Biện pháp phòng trừ ········138

VI. Các bệnh ngộ độc ở tằm và Biện pháp phòng trừ ·············140

# 第一章 桑树栽培技术

## 一、桑苗繁育

繁育桑苗的方法分有性繁育和无性繁育两种。有性繁育是用种子繁殖，无性繁育有嫁接、插条、压条等方法。广西常采用的三种桑树繁育方法为种子繁育、直播套种和埋条繁育。

### （一）种子繁育

用桑树种子繁育成的苗叫实生苗，优点是方法简单，成苗时间短，单位面积出苗数量多，且苗木根系发达，定植后生长旺盛，成园快，是广西当前普遍采用的方法。用实生苗种植营造出的桑园，基本上都是应用杂交桑品种。广西推广应用的杂交桑品种有桂桑优 12、桂桑优 62、桑特优 2 号、沙 2× 伦 109 等。

#### 1. 育苗地的选择及整理

选择土层较厚、泥土疏松、水源方便，且前作没有青枯病、紫纹羽病、根结线虫的地块作为苗圃地。地块翻耕，碎土，耙平，起畦，畦面泥土充分打碎，畦高 10 ～ 15 cm，宽 120 cm。

#### 2. 播种期及方法

3 月上旬至 5 月中旬、8 月下旬至 10 月中旬为播种适宜期。把种子均匀撒在畦面上，稍压紧让种子浅埋泥土中，每亩 * 播种量为 700 ～ 1000 g；播种后盖上稻草或蕨草，浇透水使泥土湿润；播种后需经常淋水和灌水，保持土壤湿润。

---

* 1亩 ≈ 667m$^2$。

播种后保持土壤湿润

### 3. 苗圃管理

苗期要经常淋水或灌水，如遇太阳暴晒，应于早晚增加淋水量。幼苗长出 1～2 片真叶时，分次揭草露苗；在 4～8 片真叶期追肥，淋施 0.2%～0.3% 的尿素溶液或稀薄粪水（粪水须稀释 5～8 倍），之后视生长情况间隔十几天淋施 1 次；苗长高后应增加施肥量，可在下雨土壤湿透后撒施。小苗期选择阴天进行除草。

### 4. 病虫害防治

播种后喷洒驱杀蚂蚁等害虫的药物，出苗后可施长效农药防治害虫，同时喷洒 50% 甲基托布津 1000 倍稀释液或 70% 甲基托布津 1500 倍稀释液等杀菌剂防治桑苗立枯病、猝倒病。

### 5. 桑苗出圃管理

桑苗高 30 cm 以上，且已木质化，达到苗木合格标准，即可分批起苗出圃。起苗时要求保持根系完整，枝干不受损伤。苗地干燥板结时，应先灌水后起苗。挖起的苗木应按大、中、小分级捆扎，以便于种植，使桑苗生长齐整。起好的苗木，如不能马上种植，应整齐码放于阴凉通风处，不要堆积，避免风吹日晒。若天气过于干燥，可适当喷水保湿。

## （二）直播套种

利用杂交桑种子直接播于桑地，免去苗圃地育苗和挖苗移栽环节，达到当年播种，当年成园投产养蚕，次年桑园进入丰产期，丰产期提早1年的目的。直播套种成园的技术要点如下。

（1）选用土质好、土壤疏松的地块作桑园，按桑行规格划施肥线，沿线施入腐熟的有机肥料，与泥土翻匀，耙平地面。

（2）选用桂桑优12、桂桑优62、桑特优2号、桂桑5号、桂桑6号等优良桑树品种。在3月初至4月中旬将桑行线10 cm宽的泥土充分打碎，淋水使其呈浆状，然后沿桑行线点播桑种，每亩播种量为100～120 g（每10 cm播种3～6粒），用泥土薄盖种子，最后覆盖稻草，淋水。

（3）可选择矮秆的作物，如早黄豆、花生、蔬菜类等在行间套种，套种农作物争取在5月能够收获，否则会影响桑树产叶。

（4）为了保苗养树，当年不能夏伐；冬季在距地面30～60 cm处进行桑树剪伐，按每亩6000～8000株（株距约13 cm）的规格留足壮株后，挖出多余的苗木自用或作商品苗出售。

直播套种桑园，当年树高可达2 m，每亩产叶量可达1500 kg

## （三）埋条繁育

埋条繁育是利用桑树枝条的全能性和再生能力，把枝条从桑树母株剪离，整条横埋到土中，给予适宜的条件，使埋下的枝条生长成新的植株。该技术操作简单，建园投资较少，当年埋条当年就可采叶养蚕，其群体整齐、根系发达、长势旺盛、叶质较优、抗旱能力较强，是建设高产、优质、高效及良种桑繁育园的好方法。

（1）选择砂壤土或沿河冲积地块，在冬季深耕翻晒，碎土整地。黏土和易板结的土地不宜采用该方法建园。

（2）在桂桑优62、桂桑优12、伦教40、沙2×伦109等良种桑园中，选择树势旺、叶片大而厚、节间密、产叶量高的健壮植株，在冬伐时剪取枝条，去掉梢端未成熟部分，留成熟枝条，长2m左右，要求无病虫害、冬芽完好。

（3）整好地后按桑行划线开沟，行距65～80 cm，沟深20～25 cm。每亩施入农家肥3000 kg、复合肥50 kg，回填土厚5～10 cm，留沟深5～10 cm。将选好的枝条沿行沟双条并列平放在沟内，头尾交叉，整条行沟排放的枝条连续不间断，回填盖土厚7～10 cm，拨平地面，但不能压实。

埋条

（4）枝条开始萌芽时，拨开盖土露出桑芽，间隔15～20 cm的距离拨开一处露出一个芽定苑。也可在埋条盖土时预先留发芽穴。桑芽长到10 cm高时培土。

（5）埋下的枝条发芽长根后应及时追肥，新梢长高后再追肥1次。沿桑行两边开沟施肥，施后培土除草，促进桑树快生快长。

## 二、桑园建设与管理

### （一）选地及整地

桑树是多年生植物，丰产年限 20 年以上，且适应性较强，对土壤的要求不高，平原地、台地、坡地、河滩地及水田都可以用来种桑。但桑叶产量和质量与土地的肥瘦等有很大的关系，因此选择土壤肥沃、土层深厚、地面平整、排灌方便的土地种桑，效益较好。发生过紫纹羽病、青枯病、根结线虫病等的地块不能建桑园；有氟化物、硫化物排出的厂矿、砖瓦窑和烟草种植区附近也不能建桑园，因为桑叶被这些有毒物质污染后不能喂蚕。栽桑用地必须全耕，清除杂草，按行距 60 ～ 80 cm 开沟（深40 cm、宽 35 cm），沟内施足基肥（每亩施充分腐熟的有机肥 5000 kg，钙镁磷肥或过磷酸钙 50 kg），然后回土拌肥，碎土填平，接着拉线划行，以便栽植。种植要集中连片，与水稻、果树、甘蔗等作物要有一定距离，以免喷洒农药时污染桑叶，使蚕食后中毒。

### （二）苗木的选择及处理

挖桑苗时要注意保护苗木的根系，按苗木大小分级，要求根颈部直径0.3 cm 以上、高 40 cm 以上，弱小苗木不宜使用。种植前要将过长、干枯、受伤、有病害的苗茎剪除，过长的根系也应在近分叉处修剪，将根部浸渍泥浆后即可种植。

### （三）定植

以冬种为最好，其次是春种。用铲插法沿划线种植，株距 15 ～ 20 cm、行距 60 ～ 80 cm，种植深度以埋过青茎 3.5 cm 为宜，并用脚踩实。每亩种5000 ～ 6000 株，种后淋定根水，在离地面 10 cm 处剪去上部苗茎，如遇干旱还要在早、晚增加淋水量保苗。

## （四）桑园施肥培土管理

桑园的肥培管理重点是合理施肥，这是桑叶稳产、高产、优质的重要条件。应根据桑树的生长规律、土壤及气候条件、肥料品种特性以及采叶养蚕时间等，合理安排施肥的时间、种类、数量及方法。施肥方法常用的是沟施，先在桑树行间开深约 20 cm 的浅沟，将肥料施入沟后覆盖泥土保肥。施肥应与中耕除草同时进行。

### 1. 冬肥

冬肥对桑树全年生长和桑叶产量、质量有重要的作用，宜在冬伐后即冬至前后结合桑园冬耕时开沟施入。冬肥应以堆肥、厩肥、土杂肥等有机肥为主，每亩施 3000 ～ 5000 kg。用塘泥、沟肥泥施在行间壅桑，效果也很好。

### 2. 追施芽肥

桑芽长至 2 ～ 3 片叶时施追芽肥，以施腐熟的人粪尿或尿素、复合肥等速效性氮肥为主，每亩施尿素 15 kg、复合肥 25 kg。

### 3. 造桑造肥

冬伐后开沟施入有机肥，每亩施 1000 ～ 2000 kg，在桑树春芽期追肥 1 次，以后每采一造叶后追肥 1 次（采叶后 5 天内施完），每亩每次施复合肥（15–15–15 型）20 ～ 25 kg、尿素 7 ～ 9 kg，或每亩每次施尿素 15 kg、过磷酸钙 20 kg、氯化钾 6 kg。

夏伐后开沟施肥

### 4. 全年二回施肥

全年二回施肥是将全年桑园所需要的施肥量合并，分两次开深沟（深30～40 cm）施入。第一次施肥是在冬伐后至春芽萌发前，在桑行间开深沟施入，施肥量占全年施肥量的60%（每亩施有机肥1000～2000 kg、复合肥80～100 kg、尿素28～35 kg，或施尿素60 kg、过磷酸钙80 kg、氯化钾24 kg）。第二次施肥是在夏伐后，在桑行间开深沟施入，施肥量占全年施肥量的40%（即每亩施复合肥60～75 kg、尿素20～27 kg，或施尿素45 kg、过磷酸钙60 kg、氯化钾18 kg），施后覆土压实保肥。

## （五）桑园排灌及中耕除草

### 1. 排灌

桑园遇到连续干旱时要及时灌水，要保持桑园土壤含水量达到土壤最大含水量的70%～80%，以满足桑树生长的需要。当桑园积水或湿度过大或地下水位过高时，要及时开沟排涝，不然会阻碍根系生长，引起烂根，影响桑树生长。

**喷灌**

### 2. 中耕

桑树是1次种植多年生长的作物，容易引起土壤板结。中耕翻土可改良土壤的通透性，有利于桑树根系旺盛生长。因此，年中要进行中耕翻土，冬季也要进行松土晒白，并按需施入有机肥料改良土壤。

### 3. 除草

桑园中杂草会与桑树争夺养分与水分，影响桑树的生长。因此，在中耕时要结合除草。也可以用化学除草剂进行除草，常使用的除草剂有克无踪等。使用方法：每亩用克无踪 0.2 kg 兑水 60 kg 喷洒到桑园内的杂草上，注意喷药要在晴天露水干后进行，切忌喷到桑叶叶面，喷药 15 天后才能采叶喂蚕。

## （六）树形的养成与桑枝剪伐

### 1. 冬伐

冬伐在冬至前后进行，采用低刈的方法，即在夏伐后长出的健壮枝条的 30 ～ 60 cm 处剪伐，弱小枝条则从基部剪去。

### 2. 夏伐

夏伐在 7 月中旬进行，采用根刈方法，即把地上的枝条齐地面剪去。剪伐要选在晴天进行，注意不要剪破枝条基部的皮层和木质部，以免影响桑苗的萌芽。

冬伐形式　　　　　　　　　　　夏伐形式

# 三、桑叶采收

广西桑园普遍采用采收片叶的方法。春、秋蚕第一次采叶，须在新梢长 70 cm 以上方可采收，采叶时连同下部弱小枝一起采去，每蔸留 3～4 条壮枝即可。隔 25～30 天采收 1 次，每次采叶留枝条上部的 4～5 片叶，下部叶全采。只有在剪伐前才能采光全株的叶。

采叶时间应在晴天露水干后的 10 时前、16 时后或阴天进行，避免在烈日高温下采叶。

施化肥（尿素、碳铵、硫酸铵等）后要间隔 15 天以上才能采叶喂蚕，以免桑叶中化肥元素含量过多，使蚕食后中毒。

采摘桑叶时，必须使用经过消毒的专用采叶箩装叶，应松装、快运、快卸，以保持桑叶新鲜。切忌用塑料袋装运桑叶，因为这样容易引起桑叶发热发酵而变质。

采叶时要求不损伤枝条皮层，摘嫩叶时应留叶柄；如采用条桑采收方法采叶，剪口要平滑；桑叶在装卸和运输过程中要避免污染。

# 第二章　桑树主要病虫害及防治

## 一、桑树主要病害及防治

### （一）桑花叶病

（1）症状：桑花叶病的症状表现较为复杂，可分为 3 种类型。一是环斑花叶型，病叶上有大小不等的中间呈绿色、周围呈淡黄色的同心圆状环斑。二是褶皱花叶型，病叶除有黄绿相间的斑驳外，还产生严重的褶皱。三是线叶花叶型，病叶开始时顶端变窄小，形成矛状，常叶脉两侧绿色加

桑花叶病环斑花叶型

深，叶脉间褪色形成网状褪绿斑。越靠近枝条顶端的病叶越窄小，严重时叶肉消失，仅剩呈线状的主叶脉。

（2）防治方法：①发病严重的桑园可采取冬伐，冬伐时只留枝干 60 ～ 80 cm，避免大面积出现病害。②进行无性繁育时，应严格选取无病苗木做砧木和接穗。③重病区选栽伦教 40 等抗病桑品种。

### （二）桑萎缩病

（1）症状：桑萎缩病有黄化、萎缩、花叶（又称"花叶卷叶病"）3 种类型。

黄化型发病初期少数枝梢嫩叶皱缩、发黄、向叶片背面卷曲。随着病情加重，腋芽萌发、侧枝细弱、叶形瘦小、节间特短，逐渐由几条枝条扩展到全株发病。病重的桑树夏伐后新枝弱小丛生，密生猫耳状瘦小叶片，

逐渐枯死。

　　萎缩型多在桑树夏伐后发生。发病初期，叶片缩小，叶面皱缩，叶序混乱，枝条细短，节间缩短。发病中期，枝条中部或顶部腋芽早发，生成许多侧枝，叶片黄化、质粗，秋叶早落，春芽早发。发病末期，枝条生长显著不良，叶片更小，重病的桑枝如扫帚状。

　　花叶型主要在春、夏季和晚秋发生。一般先由少数枝条开始发病，然后蔓延至全株。发病初期，叶片侧脉间出现淡绿色的小斑块，逐渐扩大相互连接成黄绿色的大斑块，而叶脉附近仍保持绿色，形成黄绿相间的花叶。病重时，叶片皱缩，叶缘向上卷曲，叶背的叶脉上有小瘤状突起，细脉变褐色，有的叶片半边无缺刻。更严重时叶片缩小，向上蜷缩，叶脉变褐色，瘤状突起明显，枝条细短，腋芽早发，生出侧枝，病树极易遭受冻害。

　　（2）防治方法：①加强苗木检疫，禁止将带病苗木、接穗、砧木运入无病区。②加强桑园管理，合理采伐，增施有机肥，并与氮肥、磷肥、钾肥配合施用，以增强树势，提高抗病能力。③选栽抗病品种。④做好媒介昆虫凹缘菱纹叶蝉和拟菱纹叶蝉的防治，采用药杀和冬季剪梢除卵的方法。

## （三）桑青枯病

　　（1）症状：该病是典型的维管束病害，病原菌侵染桑树根部导管，妨碍植株水分运输，使叶片凋萎。新植桑感染桑青枯病后一般全株叶片同时出现失水凋萎，但叶片仍保持绿色，呈青枯状；老桑树往往可见枝条中上部叶片的叶尖、叶缘先失水，后叶片变褐色、干枯，并逐渐扩展到全株，死亡速度较慢。初发病时根的皮层外

**桑青枯病青枯状**

观正常，但根的木质部出现褐色条纹，随着病势的发展，褐色条纹向上延伸至茎枝，严重时整个根的木质部全部变成褐色、黑色，久后腐烂脱落。

（2）防治方法：①加强检疫工作。严禁带病苗木进入无病区，无病区种桑应自繁自栽，不到病区购买桑苗。②田间发现病株要及时刨除，集中烧毁，对病穴及周围土壤要用含1%有效氯的漂白粉液消毒。③发病严重的桑园实行与水稻、甘蔗轮作。病地改种水稻2年可达到灭菌效果，改种甘蔗5年可达到无病效果。

## （四）桑疫病

（1）症状：有黑枯型和缩叶型两种。黑枯型病菌从气孔侵入叶片时，叶片上呈现点状褐斑；病菌从叶柄、叶脉等伤口侵入维管束时，叶片上呈现不规则的多角形褐斑，常连成一片，叶片变黄脱落；病菌从嫩梢侵入时，嫩梢和嫩叶变黑腐烂；病菌从枝条表皮侵入时，枝条表面出现稍隆起、粗细不等的黑褐色纵裂点状

**桑疫病黑枯型病梢**

条斑。缩叶型在感病初期叶片出现近圆形褐色斑点，周围稍褪绿，后期病斑穿孔，叶缘变褐色，叶片腐烂；叶脉受害时变褐色，叶片向背面卷曲呈缩叶状，易脱落；新梢受害时出现黑色龟裂状梭形大病斑，顶芽变黑枯萎，下部腋芽秋季萌发成新梢。

（2）防治方法：①选栽抗病品种。②冬季剪去病梢，春季发芽及夏伐后的发病季节及时剪去病芽、病枝。③在发病早期用300～500国际单位的土霉素、100国际单位的农用链霉素或15%链霉素与1.5%土霉素混合液的500倍稀释液喷洒嫩梢叶进行防治，隔7～10天再喷1次，连喷几次即

可控制病情扩散。④加强桑园管理，降低地下水位，改善桑园小气候，不偏施氮肥，防止桑叶徒长。

### （五）桑赤锈病

（1）症状：桑叶被侵染后在叶片的腹面、反面散生圆形有光泽的小点，逐渐肥厚隆起成青泡状，颜色转黄，最后形成橙黄色粉末状的锈孢子突破表皮而散生于桑叶表面。叶脉、叶柄、新梢被害，病斑顺着维管束纵向发展，患处肥肿弯曲，表皮破裂后也布满橙黄色粉末。枝梢遗留下来的病斑呈褐色，稍凹陷，内有菌丝体。

桑赤锈病病叶背面

（2）防治方法：①人工摘除病芽。从桑芽脱苞到开叶期，锈孢子成熟飞散前经常巡视桑园，发现病芽及时摘除、烧毁，每7～8天处理1次，直至不再出现病芽为止。此方法防治效果达80％左右。②药剂防治。用25％粉锈宁1000倍稀释液喷洒桑芽，春季防病效果达90％，夏季防病效果为80％左右。

### （六）桑褐斑病

（1）症状：嫩桑叶较易发病，病斑初期呈褐色、水渍状、芝麻粒大小，后逐渐扩大成近圆形或因受叶脉限制

桑褐斑病病叶腹面

成多角形。病斑轮廓明显，边缘为暗褐色，内部为淡褐色，其上环生白色或微红色的粉质块状的分生孢子，分生孢子经雨水冲落后露出黑褐色的小疹状的分生孢子盘。病斑周围叶色稍褪，由绿变黄，同一病斑可发生在叶片腹面和背面。病斑吸水后易腐烂穿孔，病情严重时病斑互相连接，叶片枯黄脱落。

（2）防治方法：①选栽抗病品种。②清除病原菌。晚秋落叶后彻底清除病叶，深埋或做堆肥。③低洼桑园注意开沟排水，降低土壤湿度；增施有机肥，提高桑树抗病力。④药剂防治。发现20%～30%的叶片上出现2～3个芝麻粒大小的斑点时，立即用50%多菌灵可湿性粉剂1000～1500倍稀释液（加0.2%～0.5%洗衣粉做黏着剂）或70%甲基托布津可湿性粉剂1500倍稀释液喷洒，隔10～15天再喷1次，效果更好。

## （七）桑卷叶枯病

（1）症状：病菌为害桑叶，以嫩叶发生较多。春季发病时，桑叶边缘呈深褐色连片病斑，随着叶片生长，叶身向叶面蜷缩。夏、秋季发病初期，枝条顶端叶片的叶尖和附近叶缘变褐色，之后逐渐扩大使叶片的前半部呈黄褐色大病斑，下部叶片的叶缘及叶脉间产生梭形大病斑，病、健组织界限明显。病斑吸水后腐烂，干燥时裂开。病叶易脱落。

桑卷叶枯病病叶腹面

（2）防治方法：①消灭病原。晚秋落叶后收集病叶并烧毁。春季初见病叶应及时摘除并烧毁。②桑园合理密植与采叶，保持通风透光，雨后及时排水，防止积水。③药剂防治。发病初期喷洒70%甲基托布津可湿性粉剂1000～1500倍稀释液或25%多菌灵可湿性粉剂1000～1500倍稀释液。夏伐后用 4 ～ 5° Bé 石硫合剂或 25% 多菌灵可湿性粉剂 800 倍稀释液对树体进行喷洒消毒。

## （八）桑里白粉病

（1）症状：病菌主要为害枝条中下部较老的桑叶。开始发病时在叶背出现白色分散的浅淡霉斑，随后逐渐增白扩大，甚至连成片。霉斑表面呈粉状，即病原菌的菌丝体和分生孢子。发病后期在白色霉斑上出现黄色小粒状物（闭囊壳），当小粒状物由黄色转为橙红色再变为褐色，最后变成黑色时，白色粉霉消失。

桑里白粉病病叶背面

（2）防治方法：①选栽硬化迟的桑树品种。②及时采叶，采叶时自下而上，防止桑叶老化。③加强肥培管理，注意抗旱，推迟桑叶硬化。④药剂防治。发病初期全面喷洒 0.3% ～ 0.5% 多菌灵溶液；采叶期喷 70% 甲基托布津可湿性粉剂 1500 倍稀释液，隔 10 ～ 15 天再喷 1 次；冬季喷 2 ～ 4° Bé 石硫合剂，杀灭枝条和地面上的越冬病菌。

## （九）桑污叶病

（1）症状：多发生在较老桑叶的背面，秋季为害较重。开始发病时，叶片背面出现煤粉状圆形的小病斑，随着病情的发展，病斑逐渐扩大，黑色加深。在叶片表面相应位置也呈现同样大小的黄褐色病斑。病斑继续扩大后，往往互相连接，布满叶背。与

桑污叶病病叶背面

桑里白粉病并发时，常在叶背形成黑白相间的混生斑。

（2）防治方法：①清除越冬病原。晚秋落叶前摘除桑树上的残叶。②选栽抗病品种。③合理采叶。采叶时由下往上采，防止叶片老化。④加强肥培管理。秋季干旱应及时灌溉，延迟桑叶硬化。⑤药剂防治。发病初期喷洒25％多菌灵可湿性粉剂500～1000倍稀释液。

## （十）桑紫纹羽病

（1）症状：病菌侵染桑树根部。发病初期，根皮失去光泽，逐渐变成黑褐色。严重时皮层腐烂，只剩下相互脱离的栓皮和木质部。桑根的表面缠有紫色的根状菌索，在露出地面的树干基部及土面聚集成一层紫红色的绒状菌膜，在5～6月出现子实层。在腐朽的根部除菌索外，并生紫红色菌核。桑根受害后，树势衰弱，叶形变小，叶色发黄，生长缓慢，病情加重后全株死亡。

桑紫羽纹病病根

（2）防治方法：①苗木消毒。病苗用25％多菌灵可湿性粉剂500倍稀释液浸根30分钟，可彻底杀灭根组织内外的寄生菌丝。②轮作。发病严重的桑园、苗圃，在彻底挖除病株、拾净病根的基础上改种水稻、麦类、玉米等禾本科作物，经4～5年后再种桑。如只轮作1～2年，不但没有防治效果，反而会因耕作助长病菌扩散、蔓延。③加强桑园肥培管理，低洼桑园及时排水。pH较低的土壤每亩施石灰125～150 kg，可起到消毒和降低土壤酸性的作用。腐熟的有机肥料和石灰氮（每亩50 kg）混合施入可杀死病原菌及增加土壤肥力。

## （十一）桑根结线虫病

（1）症状：受害桑的侧根和细根有许多大小不一的瘤状物。根瘤状物形成初期较坚实，呈黄白色，之后逐渐变成褐色、黑色而腐烂。剖开根瘤，可见乳白色、半透明的梨形雌线虫。发病后桑树须根减少、脱落，难以发出新根。严重时水分和养料的输送受阻，植株生长不良，芽叶枯萎，枝条干枯，最终整株枯死。

**桑根结线虫病为害状**

（2）防治方法：①用无虫地育苗，新种桑要严格选用无病苗木。②土壤消毒。每亩用 150 kg 石灰粉，均匀施撒翻耕；或每亩施氨水 100～150 kg，开沟施后覆土压实，隔 10 天后播种。③实行与甘蔗、水稻、玉米等作物轮作，经 3～4 年后再种桑。

## （十二）桑白绢病

（1）症状：该病主要为害我国南方温暖潮湿地区的桑树嫁接、扦插和苗圃地的幼苗。被害幼苗初期一般在接近地表的茎部表皮上出现淡褐色后为褐色至深褐色的斑点，并在病组织上长出辐射状的白色小粒团，之后小粒团变为淡黄色，最后成为茶褐色的油菜籽大小

**桑白绢病为害状**

的菌核。菌核形成后白色菌丝便逐渐消失，而病部皮层腐烂，易脱离，最

后仅剩下一丝丝的纤维。病苗叶片发黄、凋萎，最后全株枯死。

（2）防治方法：①净沙预措插条。用洁净河边沙预措插条可控制或减少该病发生。②药剂消毒或插条处理。先用25%或50%多菌灵可湿性粉剂300倍或500倍稀释液将沙消毒，用塑料薄膜将沙覆盖7天后再行沙藏预措插条，或将沙藏后的插条用上述农药浸20～30分钟，可控制该病的发生。

# 二、桑树主要虫害及防治

## （一）桑象虫

桑象虫属鞘翅目象虫科船象属害虫。成虫初春为害桑树冬芽及萌发后的嫩芽，降低发芽率；夏伐后为害剪口以下的定芽和新梢，严重时可将整株桑芽吃光；6月在嫩梢基部钻孔产卵，使新梢易被风吹折。

防治方法：①药剂防治。桑树夏伐后，可用80%敌敌畏乳油1000倍稀释液喷洒。②修剪半枯桩。冬季彻底修除枯桩、枯枝，并收集烧毁。

## （二）桑瘿蚊

桑瘿蚊有桑芽吸浆瘿蚊和桑橙瘿蚊两种，均属双翅目瘿蚊科害虫。桑芽吸浆瘿蚊主要分布于广东和广西，桑橙瘿蚊主要分布于山东、浙江等省。成虫在桑芽上产卵，幼虫吸食嫩芽汁液，轻则造成桑芽扭曲变形，重则造成顶芽凋萎、腐烂以及枝条封顶、腋芽萌发、侧枝丛生成扫帚状，影响桑叶的产量和质量。

桑芽吸浆瘿蚊为害状（侧枝丛生，呈扫帚状）

防治方法：①土壤撒药。桑树夏伐后，每 1000 m² 用 3% 甲基异柳磷颗粒剂 5 ～ 6 kg，或 40% 甲基异柳磷乳油 0.3 ～ 0.5 kg，拌土或细沙撒于桑园，中耕翻入土中。②顶芽喷药。各代幼虫发生盛期，可用 80% 敌敌畏乳油或 50% 辛硫磷乳油 800 ～ 1000 倍稀释液喷洒顶梢。③春叶摘心。在早春第一代幼虫发生为害时，全面摘除桑芯，运出桑园烧毁。

## （三）桑尺蠖

桑尺蠖属鳞翅目尺蠖蛾科害虫。各地普遍发生，桑园中幼虫长年可见。越冬幼虫在早春桑芽萌发时，常将桑芽内部吃空，仅留苞叶，严重时可将整株桑芽吃光，使桑树不能发芽。桑树开叶后为害叶片，将叶片咬成大缺刻。

防治方法：①早春捕捉幼虫。②药剂防治。早春冬芽现青、尚未脱苞前以及伐条后喷施 80% 敌敌畏乳油 1000 倍稀释液。夏伐前或秋蚕结束后可喷施残效期较长的农药，以压低幼虫虫口基数。

## （四）桑毛虫

桑毛虫属鳞翅目毒蛾科害虫。各蚕区均有分布，在部分省（自治区）常猖獗成灾。幼虫食性杂，除为害桑树外，还为害桃树、苹果树等多种果树。桑毛虫幼虫身上的毒毛能使家蚕中毒患黑斑病，致使其结薄皮茧。人体触及毒毛，会引起皮肤红肿疼痛，大量吸入可致中毒。

桑毛虫幼虫——"窝头毛虫"　　　　桑毛虫成虫

防治方法：①人工摘除"窝头毛虫"叶片，在幼虫集中为害期连摘 2 ～ 3 次。②药剂防治。在秋蚕结束和 4 月上中旬害虫出蛰后，可喷洒 80% 敌敌畏乳油 1000 倍稀释液防治。

## （五）桑螟

桑螟属鳞翅目螟蛾科害虫。全国蚕区都有发生。低龄幼虫在叶背叶脉分叉处取食，3 龄幼虫吐丝缀叶成卷叶或将两张叶片重叠，在内取食叶肉，留下上表皮，形成黄褐色透明薄膜。

**桑螟为害状**

防治方法：①药剂防治。在幼虫 2 龄末，即尚未卷叶前喷施 80% 敌敌畏乳油 1000 倍稀释液。②打好关门虫。秋蚕后用残效期较长的农药喷洒，对桑螟易潜伏的树干裂隙、蛀孔等处要喷湿喷透。③人工捕杀幼虫。④提倡桑树统一时间成片夏伐，消除桑螟幼虫的过渡食物。

## （六）桑蓟马

桑蓟马属缨翅目蓟马科害虫。全国各蚕区均有分布。若虫、成虫都以锉吸式口器刺破叶背或叶柄表皮吸取汁液。被害部位因失去叶绿素而显白色透明小凹点，不久变成褐色，被害叶片因失水而提早硬化。夏秋季高温干旱时，虫口密度大，能使整个桑园枝条中上部叶片呈锈褐色，导致叶质下降，喂蚕效果极差。

**桑蓟马为害状**

防治方法：根据虫口密度与气象条件确定防治时间，及时喷药。常用药剂有40％乐果乳油1000倍稀释液、50％辛硫磷乳油1000 ～ 1500倍稀释液或80％敌敌畏乳油1000倍稀释液。桑蓟马发生快，代数多，世代重叠，因此做好预测预报、抓准适期尤为重要。

## （七）桑粉虱

桑粉虱属同翅目粉虱科害虫，分布较广。幼虫吸食中部叶汁，被害叶片出现许多黑色斑点，并逐渐枯萎。幼虫分泌蜜汁滴于下部叶片，常诱发煤烟病，致使被害桑苗及桑树枝梢无健叶。夏、秋季常猖獗成灾，密植桑园和苗圃受害尤为严重，影响桑树生长及夏、秋蚕饲养。

**桑粉虱成虫**

防治方法：①冬季清除落叶，杀灭越冬虫卵。②8月上旬，在桑粉虱繁殖盛期摘去梢端1 ～ 5叶可杀死大量卵和幼虫。③药剂防治。在成虫发生期喷洒80%敌敌畏乳油1000倍稀释液。

## （八）介壳虫

介壳虫成虫和若虫在桑树嫩芽部刺吸为害，受害部位膨大变畸形，芽叶向里蜷缩成花絮状，使桑树生长受阻而减产。

防治方法：①将已受害的桑芽剪除并烧毁。②用40%乐果乳油1000倍稀释液喷杀。③保护天敌，如澳洲瓢虫、大红瓢虫等。

# 三、桑园专用农药及使用技术

## （一）桑园专用农药

生产上推广应用的桑园专用农药有下列品种。

（1）33%桑保清乳油，防治对象是桑蓟马、桑粉虱、红蜘蛛、桑瘿蚊、叶蝉等，使用浓度为1000～1500倍，残留期为10～15天。

（2）40%灭多威（桑宝）乳油，防治对象是桑尺蠖、桑螟、桑毛虫、桑蓟马、桑粉虱、叶虫类、象虫类等，使用浓度为1000～1500倍，残留期为7天。

（3）50%二溴磷乳油（桑虫净），防治对象是桑尺蠖、桑螟、桑毛虫、桑蓟马、桑粉虱、叶虫类、象虫类等，使用浓度为1000～1500倍，残留期为3～5天。

（4）24%敌·灭乳油（桑虫清），防治对象是桑尺蠖、桑螟、桑毛虫、桑蓟马、斜纹夜蛾等，使用浓度为1500～2000倍，残留期10～12天。

（5）40%毒死蜱乳油（乐桑），防治对象是桑尺蠖、桑螟、桑毛虫、象虫类等，使用浓度为1500～3000倍，残留期为12～15天。

（6）73%炔螨特（螨停），防治对象是螨类，使用浓度为3000～4000倍，残留期为7～9天。

## （二）桑园专用农药使用技术

在桑园中使用农药防治病虫害，要做到合理使用才能真正发挥农药的功效。除注意对症下药、适时用药、用药量与用药浓度正确外，还要注意农药的交替使用和混合使用，避免在同一桑园内长期使用同一种农药防治某种病虫害，使病虫产生抗药性。在施药时要注意下列事项。

（1）喷药应选在晴天的早上、傍晚或阴天进行，避免在雨天、烈日高温或风速过大的情况下进行。

（2）使用喷雾器喷施，施药要均匀、适量，确保防治效果和养蚕安全。

（3）施药时要根据各种害虫的为害特点选择重点部位喷施，如防治桑螟要重点喷顶梢，防治桑蓟马要重点喷叶背。

（4）根据各种害虫发生、繁育特点喷药，如对一些个体较大的害虫（桑尺蠖、桑毛虫、桑螟等）在其幼龄阶段喷药，防治效果更佳。

（5）掌握好用药量，一般每亩桑园喷施稀释药液 60 ～ 75 kg，可将所有桑叶全部喷湿。

## （三）桑园常用农药

**桑园常用农药**

| 农药名称 | 防治对象 | 使用浓度 | 残留期 | 说明 |
|---|---|---|---|---|
| 80％敌敌畏乳油 | 桑尺蠖、桑毛虫、野蚕、桑螟、桑蟥、斜纹夜蛾、叶虫、金龟子、桑蓟马、叶蝉、桑瘿蚊等 | 1000倍 | 3～5天 | — |
|  | 桑天牛 | 30～50倍 | 3～5天 | 夏伐后用，用棉花球蘸药，塞入最下排泄孔，并用泥土填塞封口 |

续表

| 农药名称 | 防治对象 | 使用浓度 | 残留期 | 说明 |
|---|---|---|---|---|
| 50%辛硫磷乳油 | 桑尺蠖、桑毛虫、野蚕、桑螟、桑蟥、刺蛾、斜纹夜蛾、桑蓟马、绿盲蝽 | 1500倍 | 3天 | 该药对光敏感性强，宜阴天及晴天早、晚喷洒 |
| 40%乐果乳油 | 桑蓟马、叶蝉、红蜘蛛、桑粉虱、桑木虱、桑瘿蚊 | 1000倍 | 3～5天 | — |
| 40%甲基异柳磷 | 桑瘿蚊 | 200～300倍，或拌细沙 | 不详 | 夏伐后喷（撒）入桑园地面，中耕翻入土中 |
| 73%克螨特可湿性粉剂 | 红蜘蛛、朱砂叶螨 | 3000倍 | 7～10天 | — |
| 20%杀灭菊酯乳油 | 野蚕、桑尺蠖、桑毛虫、桑螟、刺蛾等 | 8000～10000倍 | 90天以上 | 秋蚕结束至11月底前使用 |
| 克线磷 | 桑根结线虫病 | 8 kg/亩 | 40天 | 拌细沙土撒施 |
| 70%甲基托布津 | 桑里白粉病、桑炭疽病、桑椹菌核病、桑枝枯菌核病等 | 1000～1500倍 | — | — |
| 50%多菌灵可湿性粉剂 | 桑褐斑病、桑紫纹羽病、桑白绢病 | 1000～1500倍 | — | — |
| 土霉素 | 桑疫病 | 300～500国际单位 | — | — |
| 农用链霉素 | 桑疫病 | 100国际单位 | — | — |
| 25%粉锈宁 | 桑赤锈病 | 1000倍 | 6天 | — |
| 20%萎锈宁 | 桑赤锈病 | 300倍 | 6天 | — |

# 第三章　养蚕技术

## 一、蚕的生活史

桑蚕(也叫家蚕)属完全变态的昆虫,一个世代中要经过卵、幼虫(蚕)、蛹、成虫(蚕蛾)四个不同的发育阶段。

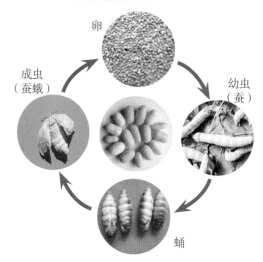

**桑蚕四个发育阶段**

蚕一般要经过 4 眠 5 龄,1～3 龄蚕称为小蚕或稚蚕,4～5 龄蚕称为大蚕。从收蚁到蚕成熟叫全龄期,二化性蚕的全龄期通常为 20～26 天。也有少数品种的蚕偶尔发生 3 眠 4 龄或 5 眠 6 龄熟蚕结茧的现象。

蚕到 5 龄末期,蚕体呈蜡黄色半透明状,开始吐丝,此时的蚕称为熟蚕,熟蚕即可上蔟吐丝结茧。

## 二、养蚕前的准备工作

在开展养蚕工作前,要根据桑园的种植面积、桑树的生长情况、桑叶产量等来预计养蚕数量，并根据预计的养蚕数量准备蚕房、蚕具及消毒药品。

## （一）养蚕计划的制订

制订养蚕计划的目的是尽量做到有多少桑叶，就养多少蚕，准备多少蚕房、蚕具、蚕药，以及一年中计划什么时候开始养蚕，全年养多少批蚕等，做到心中有数。制订计划的依据是当地的气候条件、桑园种植面积、桑树品种及生长情况、剪伐形式等。

一般养一张蚕种（10 g 蚁量，以下相同）需桑叶 450 ～ 500 kg。

桂南地区一般从 3 月上、中旬开始养蚕，全年养蚕 6 ～ 7 批；桂北地区一般从 3 月下旬或 4 月上旬开始养蚕，全年养蚕 5 ～ 6 批。上半年（夏伐前）的饲养量约占 60%，下半年的饲养量约占 40%。

### 桂南地区全年养蚕批次安排参考表

| 养蚕批次 | 蚕种出库 | 收蚁日期 | 熟蚕日期 | 采茧日期 |
|---|---|---|---|---|
| 第一批 | 3月10日 | 3月20日 | 4月10日 | 4月15日 |
| 第二批 | 4月10日 | 4月20日 | 5月10日 | 5月15日 |
| 第三批 | 5月10日 | 5月20日 | 6月10日 | 6月15日 |
| 第四批 | 6月10日 | 6月20日 | 7月10日 | 7月15日 |
| 第五批 | 8月10日 | 8月20日 | 9月10日 | 9月15日 |
| 第六批 | 9月10日 | 9月20日 | 10月10日 | 10月15日 |
| 第七批 | 10月10日 | 10月20日 | 11月10日 | 11月15日 |

### 桂北地区全年养蚕批次安排参考表

| 养蚕批次 | 蚕种出库 | 收蚁日期 | 熟蚕日期 | 采茧日期 |
|---|---|---|---|---|
| 第一批 | 3月25日 | 4月5日 | 4月25日 | 4月30日 |
| 第二批 | 4月25日 | 5月5日 | 5月25日 | 5月30日 |
| 第三批 | 5月25日 | 6月5日 | 6月25日 | 6月30日 |
| 第四批 | 8月1日 | 8月10日 | 8月30日 | 9月5日 |
| 第五批 | 8月30日 | 9月10日 | 9月30日 | 10月5日 |
| 第六批 | 9月30日 | 10月10日 | 10月30日 | 11月5日 |

## （二）蚕室、蚕具的准备

### 1. 蚕室

养一张蚕种，小蚕室需 3 m²，大蚕室如地面育需 30 m²，蚕匾育需 15～20 m²；专用贮叶室需 6 m²；有条件的最好配备有相应的专用上蔟室。

蚕室布局的原则，一是小蚕室尽可能远离大蚕室与上蔟室；二是便于大小蚕分养；三是蚕沙坑要建在离蚕室较远的地方，不要建在蚕室的上风处，也不要建在路边和桑园边。

蚕室的朝向为南北向，要建在地势较高、干爽、采光好、通风良好的地方，周围环境要清洁，室内能保温隔热，有利于小气候的调节。另外，还要有利于进行防病消毒和养蚕操作。贮叶室要求阴凉、保湿性能好、通风透气、便于消毒。上蔟室要求室内光线柔和、干爽、空气流通、利于排除湿气。

### 2. 蚕具

蚕具包括温度计、蚕匾、塑料薄膜、蚕网、方格蔟、蚕筷、鹅毛、切桑刀、黑布等。

**饲养一张蚕种所需的蚕具**

| 名称 | 单位 | 数量 | 备注 | 名称 | 单位 | 数量 |
|---|---|---|---|---|---|---|
| 小蚕网 | 张 | 14 | 80 cm × 100 cm/张 | 采叶箩 | 只 | 2 |
| 大蚕网 | 张 | 60 | 80 cm × 100 cm/张 | 蚕沙箩 | 只 | 1 |
| 蚕架 | 副 | 1 | | 干湿温度计 | 支 | 1 |
| 蚕匾 | 个 | 40 | 80 cm × 110 cm/个 | 打孔塑料薄膜 | 张 | 8 |
| 竹竿 | 条 | 16 | 长6 m/条 | 塑料薄膜 | kg | 1.5 |
| 给桑架 | 副 | 1 | | 秤 | 杆 | 1 |
| 蚕筷 | 双 | 1 | | 喷雾器 | 台 | 1 |
| 方格蔟 | 个 | 160～200 | 156孔/个 | 给桑圆形箕 | 只 | 1 |
| 石灰缸 | 只 | 1 | 装生石灰用 | 蚕座纸 | 张 | 5 |
| 铁锅 | 只 | 1 | 加温补湿用 | 切桑刀 | 把 | 1 |
| 黑布 | m | 1 | 蚕种催青用 | 鹅毛 | 根 | 2 |
| 切桑板 | 块 | 1 | 80 cm × 200 cm/块 | | | |

蚕匾、蚕架　　　　　　　　　　　木制方格蔟

小蚕专用采叶箩　　　　　　　　　大蚕专用采叶箩

### 3. 蚕药

必备的蚕药有小蚕防病一号（0.5 kg/张）、大蚕防病一号（1 kg/张）、蚕服康1号（10支/张）、新鲜石灰粉（约10 kg/张）、漂白粉（约2 kg/张）或消杀精（4包/张）等。

## （三）建立防病制度

养蚕单位或养蚕户只有建立经常性的防病制度，并坚持执行，才能做好蚕病的防治工作。建立的防病制度包括大蚕、小蚕不能在同一蚕室内饲养；

不能在小蚕室、贮桑室内上蔟；未经消毒的蚕具不能搬进蚕室及贮桑室内使用；装过蚕沙的用具不能用来装桑叶；病蚕、蚕沙、旧蔟具等不要乱扔乱放，要集中处理；采叶、喂蚕前及除沙后都要洗手，进入蚕室、贮桑室、上蔟室要分别换鞋，防止将病菌带入蚕室；及时提青分批，淘汰病蚕，隔离弱小蚕，防止蚕座感染；坚持进行龄中消毒，换下的蚕网、塑料薄膜等及时进行日晒消毒，贮桑室每天坚持用漂白粉液消毒地面 1 次；及时进行蚕体、蚕座消毒，尤其是易感病期（起蚕和将眠蚕）的蚕体和蚕座消毒。

### （四）养蚕前的清洁、消毒工作

养蚕前必须做好蚕室、蚕具的清洁和消毒工作。消毒的范围包括蚕室、附属室、周围环境及所有养蚕用具。消毒前先对蚕室、附属室、周围环境及所有养蚕用具进行清理、打扫，然后进行消毒、清洗、再消毒，通称"二消一洗"。

#### 1. 清洁

养蚕前的清洁、消毒可分"扫、洗、晒、堵、消"五步进行。扫就是将蚕室内和蚕室周围的污物、灰尘、垃圾清除。洗就是用清水冲洗蚕室内外墙壁、地面及所有蚕具，要冲洗干净，冲洗时要自上而下，先内后外。不能冲洗的可用石灰浆扫刷；能搬动的蚕具，也可以搬到不受污染的流动水处刷洗干净。晒就是把洗刷干净的蚕具摆在日光下暴晒 8 小时以上。堵就是用砖块、灰浆堵塞墙洞、墙缝、鼠洞、蚁穴。消就是用药物进行消毒，杀灭病原菌。

#### 2. 消毒

蚕室、蚕具药物消毒常用的方法如下。

（1）用消杀精液或含有效氯 1% 的漂白粉液或强氯精液进行喷洒消毒，每平方米用药液 0.25 kg。要求气温在 18℃ 以上，保持湿润 30 分钟。塑质蚕网、蔟具、薄膜和蚕匾等蚕具，也可用上述药液浸泡消毒。

（2）用福尔马林石灰浆消毒，方法是用 0.5 kg 福尔马林、8.5 kg 水、

0.045 kg 生石灰粉配成混合液，每平方米喷药液 0.25 kg。注意消毒后升温到 24℃以上，保持 5 小时；密闭 1 天，然后打开门窗通风晾干，以免蚕具潮湿发霉。

（3）小件或不耐腐蚀的蚕具，如蚕网、蚕筷、切桑刀等可用煮沸的方法进行消毒，在 100 ℃沸水中煮 30 分钟后晒干备用。养蚕前的清洁、消毒工作，应在养蚕前 2 ～ 3 天完成。

## 三、蚕品种的选择

我国主要蚕区都有自己的蚕品种选育部门，按当地气候、环境特点来选育蚕品种。因此，蚕品种选择时，原则上要选当地育种部门培育出来的蚕品种，这样的蚕才能适应当地的气候环境，成活率高，产茧量高，效益才好。广西大面积推广的蚕品种是两广二号、桂蚕一号和桂蚕二号。在春、秋季气温较低时应选择桂蚕一号或桂蚕二号来饲养；夏、秋季气温较高时，应选择抗高温能力较强的两广二号来饲养。如养蚕所在地厂矿企业、砖瓦厂等较多，大气污染较严重的，应选择抗氟品种，如抗氟一号（桂蚕 F95）等来饲养。

## 四、蚕种催青

蚕种催青就是将蚕种保护在最适宜的环境中，使蚕卵中的胚胎能够顺利发育，这是养蚕丰产的一个重要环节。

刚出库的蚕卵

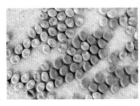
经过催青后的点青卵

经过催青后的转青卵

## （一）温度和湿度的调节及换气

蚕种出库领回来后，放到消毒好的蚕室内，卵面向上一张张摆开平铺在蚕匾中，给予适宜的温度（前4天为24℃，后期为26～28℃）、湿度（85%～90%）保护和光线控制，促使蚕种孵化整齐。

## （二）感光调节及包种

（1）感光调节。蚕种出库后的第一至第四天用自然光照感光，从第五天起，每天除自然光照感光外再增加6小时的人工感光。蚕卵胚胎发育到后期，可见到蚕卵一端有一个小青点，叫点青，再过24小时就成转青卵，转青后的第二天便可孵化出蚁蚕。

**蚕种感光调节**

（2）包种。点青当天傍晚将蚕种卵面向上一张张摆开平铺在蚕匾中，再用1只反过来的蚕匾覆盖并盖上黑布。到第三天黎明前（5时），除去覆盖在上的蚕匾及黑布，用白纸把蚕种包好，卵面向上。开灯感光，开始孵化，到8～9时即可收蚁。

蚕匾覆盖蚕种卵面　　　　用白纸包好蚕种　　　　开灯感光孵化

## （三）注意事项

（1）在蚕种催青过程中，要注意防止烟草、煤油、煤气、农药、福尔马林等有毒有害物质进入催青室，同时还要注意防止老鼠、蚂蚁、蟑螂等害虫为害。

（2）散卵蚕种的催青标准、方法与平附蚕种相同，但要注意定时摇动。蚕卵点青后，及时把蚕卵轻轻倒到已经消毒的蚕座纸上，并用鹅毛把卵粒平摊成一层，以便感光孵化。

# 五、收蚁

收蚁就是把已孵化的蚁蚕收集到蚕座纸上进行饲养。

## （一）收蚁前的准备

把蚕筷、鹅毛、蚕座纸等收蚁用具准备好。收蚁的前一天晚上用纸将准备孵化的蚕种一张张包好，卵面向上平放。如在包种时发现有苗蚁，则要全部扫除淘汰。

在收蚁当天早晨露水干后采收蚁用叶，收蚁用叶要采芽梢顶端自上而下的第二至第三片，呈淡黄绿色、柔软光润的适熟偏嫩叶，采回后把叶切成边长 0.2 cm 的小方块备用。

## （二）收蚁时间

适时收蚁是做好收蚁工作的一个重要环节，春季收蚁时间应在9时前进行，夏、秋季收蚁时间应在8时前进行。

## （三）收蚁方法

### 1. 平附蚕种收蚁方法

（1）桑引法。

桑引法操作步骤如下5小图所示。

切好的桑叶均匀撒一层在包蚕种的
白纸上

10分钟后，倒去桑叶打开白纸

把收蚁叶撒在有蚁蚕的地方

打开蚕种纸

整座、补桑

（2）打落法。

打落法操作步骤如下6小图所示。

将包蚕种的纸打开

用手指弹击将蚁蚕振落到蚕座纸上

收集蚁蚕

称蚁量

均匀撒上切好的桑叶

整座、补桑

**2. 散卵蚕种收蚁方法**

（1）网收法。将转青的蚕卵倒在蚕座纸上，均匀铺成薄薄的一层，但不要铺得太宽，长宽都要比蚕网小些，四周用糠灰围住，待感光蚁蚕孵化后，在蚁蚕上盖上两张小蚕网，撒上切好的桑叶，待蚁蚕爬上桑叶后，将上面一张网移到另一张蚕匾上，然后进行整座、补桑即可。

（2）绵纸引蚁法。铺蚕卵、感光等与网收法的一样，蚁蚕孵化后，将绵纸盖在蚁蚕上，把切好的桑叶均匀地撒在绵纸上，约过 30 分钟后，蚁蚕受桑叶气味的吸引，黏附到绵纸上，提起绵纸，倒去桑叶，把有蚁蚕的一面向上，移到另一张蚕匾上，然后给桑、整座、补桑即可。

### 3. 注意事项

不管采用哪种收蚁方法，都要求动作要轻，不损伤蚁蚕及未孵化的蚕卵。当蚕种孵化不齐时，要做到分天收蚁，分批饲养，不能混合饲养。

## （四）蚕体消毒

第二次喂叶前，先撒一层小蚕防病一号消毒蚕体。蚕体消毒 10 分钟后才能喂叶。

蚕体消毒

消毒后喂叶

# 六、小蚕饲育技术

## （一）小蚕饲育过程

以两广二号在温度为 26～28 ℃、干湿差为 1～2 ℃的条件下饲养为例，介绍小蚕的饲育过程。

### 1.1龄蚕的饲育过程

1龄蚕的饲育时间为3天零6个小时。第一天8时收蚁，收蚁后整座、匀座、补叶，在第二次给桑前用小蚕防病一号消毒蚕体。第三天6时给桑前在蚕体上撒一层薄薄的生石灰粉，然后加眠除网。第三天10时在给桑前进行眠前除沙。蚕进入催眠期，适当减少给桑量，19时左右蚕基本眠定后薄撒一层生石灰粉止桑。

1龄蚕加眠除网　　　　　　　　　1龄蚕撒生石灰粉止桑

### 2.2龄蚕的饲育过程

2龄蚕的饲育时间为2天零20个小时。14时进行饷食后进入2龄第一天，饷食前用小蚕防病一号消毒蚕体，加起除网，约过5分钟后给桑，当天20时给桑前起网除沙。第二天20时给桑前薄撒一层生石灰粉，加眠除网。第三天8时进行眠前除沙，11时左右蚕体紧张发亮进入催眠期，14时左右眠定后薄撒一层生石灰粉止桑。

2龄蚕加眠除网　　　　　　　　　2龄蚕撒生石灰粉止桑

### 3.3龄蚕的饲育过程

3 龄蚕的饲育时间为 3 天零 6 个小时。10 时饲食后进入 3 龄第一天，饲食前用小蚕防病一号消毒蚕体，加两张起除网，约 5 分钟后给桑，14 时给桑前进行起网除沙及分匾。

3龄蚕饲食前撒小蚕防病一号

3龄蚕饲食给桑

第二天 20 时给桑前薄撒一层生石灰粉，加眠除网。第三天 8 时进行眠前除沙，11 时左右蚕体紧张发亮进入催眠期，14 时左右眠定后薄撒一层生石灰粉止桑。

# （二）小蚕饲育方式

小蚕的饲育方式有多种，常见的有塑料薄膜覆盖育、塑料薄膜帐育、叠式蚕框育、片叶立体育、小蚕共育等，其中适合在广西农村推广的有塑料薄膜覆盖育和叠式蚕框育。

### 1. 塑料薄膜覆盖育

塑料薄膜覆盖育就是在收蚁前，把一张塑料薄膜垫在蚕匾的蚕座纸下面，然后在上面收蚁、定座、给桑，给桑后再盖一张塑料薄膜，上下四周重合，沿边缘包折的饲育方式。1 ～ 2 龄蚕采用下垫薄膜上盖薄膜的全防干

塑料薄膜覆盖育

育（上盖薄膜应有孔），3龄饷食后开始采用只在上面盖薄膜，下面不再垫薄膜的半防干育。

### 2. 叠式蚕框育

用叠式蚕框育饲育小蚕无须搭建蚕架，占地面积小，操作方便，也利于蚕室、蚕具的清洗消毒。叠式蚕框制作材料来源广，制作工艺简单，成本低，十分适合在农村推广应用。

**叠式蚕框育**

蚕框的主框架可用杉木或松木等木条制成。将木条锯成厚2 cm、宽7 cm的木板条，钉制成110 cm×70 cm×7 cm的木框，木框的四周钻上小孔，用尼龙绳通过小孔织成网，并在底部四角各钉上一块2 cm厚的木块作为蚕框的脚，还可以在蚕框的底部钉上两条木条，使蚕框更牢固耐用。使用时，在蚕框的底部垫上一块相应大小的无毒薄膜，便可以将小蚕放入蚕框中饲养。

## （三）小蚕用叶采摘、运输及贮藏方法

### 1. 采叶量的估计

小蚕期食桑量较少，采叶过多或过少都不好，因此要根据养蚕量准确估计出每天的用叶量，下表以两广二号为例，列出各龄小蚕的用叶量。

两广二号各龄小蚕用叶量参考表

| 龄期 | 1张蚕种（10 g蚁量）用叶量/kg | 占全部用叶量的比例/% |
|---|---|---|
| 1 | 4.8 | 0.51 |
| 2 | 11.7 | 1.23 |

续表

| 龄期 | 1张蚕种（10 g蚁量）用叶量/kg | 占全部用叶量的比例/% |
|---|---|---|
| 3 | 39.4 | 4.15 |
| 合计 | 55.9 | 5.89 |

### 2. 采叶时间

天气晴朗时，采叶一般在早上和傍晚进行。早上要等露水干后采叶，不能采露水叶，下午在 17 时后才能采叶。中午不采叶（阴凉天除外）。天气干旱时应在早上采叶。阴雨天争取在雨前多采叶或雨水干后采叶，尽量不采雨水叶。

### 3. 小蚕采叶标准

1 龄蚕用叶为自顶芽往下数第三片，叶色黄中带绿，2 龄蚕用叶为自顶芽往下数第四片，叶色绿中带黄。3 龄蚕用叶为自顶芽往下数第五至第六片，叶为嫩绿色，有光泽。

1龄蚕用叶　　　　　　2龄蚕用叶　　　　　　3龄蚕用叶

### 4. 桑叶运输

桑叶采下后要求用专用箩筐松装快运，不能用不透气的塑料编织袋装桑叶。装筐时不能紧压，在室外放置时间不能过长，运回后立即放置在贮叶室里贮藏好。

### 5. 桑叶贮藏

（1）薄膜保鲜贮藏法。先在地板上铺一层塑料薄膜，再垫一层湿纱布，将采回的桑叶按叶尖向下、叶柄朝上整齐叠放，依次排列成行。然后先盖上一层湿纱布，再覆盖上一层塑料薄膜。

薄膜保鲜

（2）缸贮法。在大缸中盛少量清水，在水面上方 10 cm 处置一个竹垫，中央放置通气笼，采回的桑叶按叶尖向上、叶柄向下整齐叠放，依次排列在缸内，缸口用湿布或薄膜盖好。

# （四）小蚕饲育技术要点

## 1. 小蚕室的温度、湿度调节

1～2 龄蚕的蚕室温度宜控制在 28 ℃、相对湿度为 85%～90%（干湿差 1 ℃）；2～3 龄蚕的蚕室温度宜控制在 27 ℃、相对湿度为 80%～85%（干湿差 1.0～1.5 ℃）。为保持高温多湿条件，1～2 龄蚕需用尼龙薄膜上盖下垫进行全防干育，3 龄蚕只盖不垫进行半防干育，温度、湿度达不到要求时要加温补湿，光线宜昼夜分明。

在养蚕过程中，要注意蚕室小气候的调节。低温时，可用火盆等加温；湿度大时，可通风排湿；高温时，洒水降温，并给桑叶洒水防止桑叶过快枯萎。

蚕室加温补湿设施

蚕匾上盖湿布保湿

### 2. 良桑饱食

喂小蚕的桑叶要严格按照前面所述的采叶标准采叶。小蚕多切叶喂蚕，大小以蚕体长的 1～1.5 倍为宜。收蚁时切叶大小为 0.2 cm×0.2 cm，1 龄蚕的为 0.5 cm×0.5 cm，2 龄蚕的为 1 cm×1 cm，3 龄蚕的为三角叶。干燥时切叶宜稍大，湿度大时宜稍小。

把桑叶切成方块叶喂1～2龄蚕　　　　　把桑叶切成三角叶喂3龄蚕

### 3. 给桑次数和桑叶用量

给桑时桑量要做到适宜，给桑量过多会浪费桑叶，蚕座内残叶过多也易造成蚕座湿度大，助长病原菌繁殖。给桑量过少，小蚕容易遭受饥饿，影响正常的生长发育。1～3 龄蚕以饱食、增强体质为主，到下次给桑时略有剩桑为好。一般每昼夜给桑 4 次，可安排在 6～7 时、11～12 时、16～17 时、21～22 时各给桑 1 次。每次喂叶量为 1 龄蚕给桑 1.5～2 层，2 龄蚕给桑 2～2.5 层，3 龄蚕给桑 2.5～3 层。以每张蚕种 10 g 蚁量计，1 龄蚕用桑约 1 kg，2 龄蚕用桑约 3.5 kg，3 龄蚕用桑约 13 kg（适用于两广二号，其他较高产丝量的品种给桑量要增加 10%）。

### 4. 及时扩座除沙

（1）扩座。在每次喂蚕前用蚕筷横撑在蚕座下面，轻轻将蚕座拉松扩大，将密集的蚕带叶夹到稀疏处，保证每头蚕要有 2 头蚕的活动空间，防止蚕挤压在一起，造成蚕食桑不足和抓伤体皮。

（2）除沙。除沙是把蚕座上的残桑、蚕粪、蚕脱落的皮及病死的蚕尸清除。除沙可分为起除、中除、眠除3种。起除是在蚕眠起饷食后进行；中除是在龄期中间进行；眠除是在蚕准备就眠前（催眠期）进行。1龄蚕眠除1次，2龄及3龄蚕起除、眠除各1次。

小蚕除沙

### 5. 小蚕眠起处理

（1）眠除。在蚕将眠前加网，除去蚕粪和残叶，让蚕有一个较好的安眠环境。

（2）饱食就眠及眠中保护。眠前除沙后要给桑1～2次，使蚕饱食安定就眠。当90%以上的蚕眠定后停止给桑。在蚕眠定后把薄膜揭开，在蚕座上薄撒一层生石灰粉覆盖桑叶，不仅可防止起蚕偷食残桑，还可隔离病死蚕和蚕沙，减少病原菌传播。同时将蚕室温度降低1℃，干湿差为1.5～2.0℃。眠中要保持环境安静，尽量不要触动眠蚕，还要避免强风直吹、强光直射和震动。

（3）提青分批。由于种种原因，如桑叶质量不均、环境条件不良等，蚕发育不整齐时，便会发生眠起不一

小蚕眠除（左为提网后留下的蚕粪和残叶，右为提网后将眠的小蚕）

提青分批

的现象。因此要结合加眠网进行分批处理，将已眠的蚕和未眠的蚕分开，对迟眠的蚕要继续给桑，促使其尽快入眠。若绝大部分的蚕已眠定，只有少量迟眠蚕，这些迟眠蚕多为不健康蚕，应加网提出并淘汰。

（4）控制日眠。1～3龄蚕能在入夜前全部就眠的情形叫日眠。日眠的优点是可以全部观察到蚕的发育情况，也便于眠起处理。控制日眠是养好小蚕的重要技术环节，可采取以下措施来调节蚕生长发育的快慢：摸清蚕品种及各龄的发育经过，掌握蚕的眠起规律；调节收蚁及饲食时间；控制蚕室的温度、湿度；喂食新鲜或隔夜桑叶、偏嫩或偏老桑叶；调节蚕座疏密度，增减给桑次数；调节蚕匾在蚕架上的位置等。

### 控制日眠的饲食时间表

| 龄期 | 1龄 | 2龄 | 3龄 | 4龄 |
|------|-----|-----|-----|-----|
| 饲食时间 | 8时（收蚁） | 14时 | 13时 | 18时 |
| 就眠时间 | 16时 | 16时 | 18时 | 16时 |

### 6. 适时饲食

（1）饲食时间。饲食是指起蚕后第一次给桑。当一批蚕中有98%以上的蚕已蜕皮、头部由青灰色转为淡褐色、蚕爬动寻食时为饲食适期，这时才可给桑。

（2）先撒焦糠、生石灰粉或小蚕防病一号进行蚕体、蚕座消毒，让蚕爬动10分钟后加网给桑，饲食用桑宜选稍偏嫩叶，给桑量以蚕吃八成饱为度，即到下次给桑时刚好吃光为宜。

（3）给桑30分钟以后即可提网除沙。

# 七、大蚕饲育技术

## （一）大蚕饲育过程

4～5龄蚕为大蚕，以下以两广二号在温度24～26℃、干湿差2.5～3.0℃的条件下饲育为例。

### 1.4龄蚕的饲育

4龄蚕的饲育时间为4天零9小时。21时进行饷食后进入4龄第一天。饷食前用大蚕防病一号消毒蚕体，加2张起除网，约过5分钟后进行饷食。

4龄蚕饷食前撒大蚕防病一号　　　　　　4龄蚕饷食加网给桑

第二天8时进行起除及分匾。第三天6时给桑前薄撒一层生石灰粉，加中除网；8时进行中除。第四天10时给桑前薄撒一层生石灰粉，加眠除网；14时进行眠除，此时蚕体紧张发亮，进入催眠期，16时左右眠定，薄撒一层生石灰粉止桑。

### 2.5龄蚕的饲育

5龄蚕的饲育时间为6～7天，早上6时进行饷食后进入5龄第一天，饷食前用大蚕防病一号消毒蚕体，加2张起除网，约过5分钟后进行饷食，当天上午10时进行起除及分匾。

如5龄蚕采用蚕匾育，从第二天开始每天晚上给桑前薄撒1次生石灰粉，保持蚕座干燥，再加上除沙网，翌日上午除沙，直到熟蚕。

如5龄蚕采用蚕台育，则从第二天开始每天晚上给桑前薄撒1次生石灰粉，保持蚕座干燥。在第三、第五天各除沙 1 次。

如 5 龄蚕采用地面育，则 5 龄期间可以不除沙，但每天早、晚给桑前必须薄撒 1 次生石灰粉，保持蚕座干燥。

到 5 龄的第七天，8 时开始有少量熟蚕，14 时左右进入盛熟期，可争取在 18 时前上完蔟。

## （二）大蚕饲育方式

大蚕饲育方式有地面育、蚕匾育、蚕台育、大棚育等。广西大部分蚕区采用地面育方式。

### 1. 地面育

大蚕地面育就是将大蚕放到地面上饲养。在地面养蚕要选择地势高燥，通风良好，没有存放过农药、化肥等的房屋，经全面打扫清洁后，用含 1% 有效氯的漂白粉溶液或消特灵液彻底消毒。蚕下地前，先在地面上撒一层新鲜生石灰粉，然后将饷食后的 4 龄蚕或 5 龄蚕连叶带蚕移到地面

地面育

饲养。蚕座放置形式有两种，一种是畦式，通常畦宽 1.2 ～ 1.4 m，长度可根据地面大小而定，畦间设宽 0.3 ～ 0.5 m 的通道；另一种是满地放蚕，搭跳板或放几个墩做脚踏，以便于操作。4 龄下地的需经过眠除及 5 龄起除，5 龄下地的一般不需要除沙。阴雨天湿度大时，可在蚕座上多撒些生石灰粉、短的干稻草等干燥材料。大蚕地面育有以下六大好处。

（1）节省投资。除小蚕需要少量蚕具外，大蚕落地饲养可省蚕架、蚕匾。

（2）节省劳力。地面育不用除沙，减轻了劳动强度，每个劳动力可养4 ～ 6 张蚕种，比普通育提高劳动效率 2 ～ 3 倍。

（3）有利于防病。可减少创伤和病菌传染，降低发病率。

（4）适合蚕体生理。地面育温度适宜，空气良好，可减少闷蚕机会，在高温多湿环境下更能显示出其优越性。

（5）节约桑叶。在地面喂蚕，桑叶凋萎慢，可提高桑叶利用率。

（6）饲养操作简单，技术容易掌握。一般地面养蚕，从放蚕到上蔟不用除沙，也不宜翻动蚕座、蚕沙，以免发热。天气潮湿时，可撒些焦糠、生石灰粉或干稻草入蚕座隔沙。

## 2. 蚕匾育

蚕匾育蚕就是将蚕放在蚕匾内饲养，每次给桑、除沙等操作必须搬动蚕匾，是传统的养蚕方式，比较费人工，需要搭蚕架，蚕具投资大，且容易损坏，无法利用自动上蔟技术，但蚕室空间利用率高。在广西、广东常用的有竹制大圆匾（直径1 m左右）及椭圆匾等，近年出现使用木制蚕框或塑料蚕框饲养大蚕，其饲养操作与蚕匾育相同，也归类为蚕匾育蚕。

蚕匾育

## 3. 蚕台育

蚕台的种类较多，常用的有绳索吊挂的活动蚕台和立柱支架的固定蚕台，蚕座是以竹子（或木材）制成的平台，每层间隔0.5～0.9 m，蚕台长可达4～6 m，宽1.3～1.6 m，空间利用率较地面育蚕高，连片蚕座面积大，给桑效率高，可采用自动上蔟

蚕台育

技术。蚕房面积不足的农户常采用该育蚕方式，或某批次饲养量大时用作扩充蚕座面积。

### 4. 大棚育

大棚育蚕一般要选择地势平坦，排水通畅，离桑园较近处，大棚南北朝向，棚高 2.5 ~ 3.5 m，离地面高 1 m 处用塑料薄膜压实，以防蚂蚁、老鼠为害，其余地方安装防蝇纱窗网；棚顶用彩条布封实，上面再覆盖一层隔热草帘，在草帘上面放一层遮阳网，以避免阳光直射，调节室内温湿度。大棚通风透气好，建造成本低，空间大，可采用蚕匾育、蚕台育、地面育等饲育方式，便于省力化养蚕技术的应用。

## （三）大蚕用叶采摘、运输与贮藏

### 1. 采叶量的估计

大蚕食桑量较多，要根据养蚕量准确估计出每天的用叶量，保证蚕期能做到良桑饱食的同时又不浪费桑叶。以下以两广二号为例，列出各龄大蚕的用叶量及 5 龄蚕每天的用叶量。

两广二号各龄大蚕用叶量参考表

| 龄期 | 每张蚕种（10 g 蚁量）用叶量/kg | 占全部用叶量的比例/% |
|---|---|---|
| 4 | 61.05 | 12.27 |
| 5 | 384.00 | 80.84 |
| 合计 | 445.05 | 93.11 |

5龄蚕每张蚕种（10 g 蚁量）每天用叶量参考表

| 日期 | 第一天 | 第二天 | 第三天 | 第四天 | 第五天 | 第六天 | 第七天 | 合计 |
|---|---|---|---|---|---|---|---|---|
| 用桑量/kg | 42.24 | 57.60 | 72.96 | 76.80 | 84.48 | 46.08 | 3.84 | 384.00 |
| 比例/% | 11 | 15 | 19 | 20 | 22 | 12 | 1 | 100 |

### 2. 采叶时间

同小蚕用叶采摘时间。

### 3. 大蚕采叶标准

4～5龄蚕用的桑叶，要求含水量在73%～74%，叶片充分成熟，叶为深绿色，有光泽。不能用嫩叶或过老的黄叶喂蚕。受病虫严重为害的桑叶也不宜喂蚕。

### 4. 桑叶运输

同小蚕用叶运输方式。

### 5. 桑叶贮藏

大蚕用叶量大，采回的桑叶应放在低温多湿的室内贮藏。贮桑室要注意清洁、消毒、防病，同时保持室内湿润。饲养人员入室取叶前要洗手换鞋，防止带入病菌。采回的桑叶堆成畦状，畦与畦之间留狭小的通道。畦宽不超过70 cm，高不超过50 cm，以免堆积过厚而发热，导致桑叶变质。畦面加盖薄膜，注意经常翻桑散热，一般每隔4小时翻动1次。遇干燥天气，在畦面喷少量清洁水，可防止桑叶凋萎。每天贮叶前，趁贮桑室空着，可喷水进行全面补湿。注意及时清除变质桑叶。贮桑室用具要定时清洗、消毒，不同时间采摘的桑叶应分别贮放，做到先贮先用。贮桑时间以不超过24小时为宜。

## （四）大蚕饲育技术要点

### 1. 温度、湿度调节

大蚕期要特别注意蚕室通风是否良好，蚕期要打开门窗，以加强室内空气流通，如遇高温高湿的闷热天气，可用电风扇等工具进行降温排湿。4龄蚕的蚕室温度宜控制在25～26℃、相对湿度在70%～75%；5龄蚕的温度宜控制在24～25℃、相对湿度在70%。温度高于30℃时要设法降温，低于20℃时要设法升温。

## 2. 搞好蚕座卫生，确保蚕座面积

搞好蚕座卫生，防止蚕病发生和传播。大蚕期每天早上用新鲜生石灰粉进行蚕体、蚕座消毒，每天除沙（室内地面育不用除沙）。阴雨天湿度大，每天撒新鲜生石灰粉 1～2 次，保持蚕座干爽。注意挑出病蚕、死蚕、淘汰弱小蚕。捡出的病蚕、死蚕、弱小蚕要放入新鲜生石灰粉中，以防蚕病蔓延。

随着蚕的不断发育，蚕体不断长大，要及时扩展蚕座，确保每张蚕种（10 g 蚁量）的蚕座面积 4 龄在 10～12 m²、5 龄在 30 m² 左右。

## 3. 4龄期要良桑饱食

4 龄期是蚕体成长过渡到丝腺成长的转折时期，营养不良会影响蚕茧的产量和质量。要求桑叶新鲜、叶质好，选采从顶叶往下数的第七至十五片成熟叶喂食。每张蚕种（10 g 蚁量）需桑叶 65～70 kg。

## 4. 5龄期要合理给桑，提高桑叶利用率

5 龄期用桑量占全龄期用桑量的 85% 左右，所以 5 龄期合理用桑是提高桑叶利用率的关键。具体操作是两头紧中间松，即 5 龄期第一至第二天和第六至第七天给桑量要严格控制，以到下次给桑时刚好吃光为宜。第三至第六天要让蚕充分饱食。选采成熟叶片或成熟枝条叶。

以两广二号为例，5 龄期每张蚕种（10 g 蚁量）需 380～420 kg 桑叶。一般 5 龄期第一至第二天用叶量占 5 龄期用叶量的 15%～20%；第三至第六天要使蚕充分良桑饱食，用叶量占 5 龄期用叶量的 70%～75%，第六天或第七天见熟后严格控制给桑量，用叶量为 5 龄期用叶量的 5%～10%。

## 5. 添喂蚕用抗生素预防蚕病发生

在大蚕饲育过程中，要给蚕添喂抗生素，以预防细菌病的发生。常用的药物有蚕服康 1 号、克蚕菌胶囊、蚕病清等。用法按各种药物的使用说明进行配制，在各龄起蚕的第二口叶和 4 龄期第二天，5 龄期第三天、第五天各添喂 1 次，以防蚕病发生。

### 6. 添喂或体喷灭蚕蝇乳剂防治蚕蝇蛆病

在 4 龄期第二天，5 龄期第二天、第四天、第六天各添喂 1 次 40% 灭蚕蝇乳剂 500 倍稀释液，或用 40% 灭蚕蝇乳剂 300 倍稀释液体喷 1 次，以防蚕蝇蛆病。若蚕室门窗都装有可防蚕寄生蝇飞入的纱网，可以不用添喂或体喷灭蚕蝇乳剂。

# 八、上蔟及采茧

## （一）上蔟

### 1. 熟蚕特征

蚕发育到 5 龄后期开始减少吃桑叶或停止吃桑叶，并排出大量绿色软粪，胸部透明，身体略软而缩短，头胸部抬起并左右摆动，寻找吐丝结茧的地方，此时适宜上蔟。

### 2. 蔟具准备

蔟具的种类很多，广西使用较多的有花蔟、方格蔟和塑料折蔟。每张

**熟蚕特征**

蚕种需要高 1.6 m、宽 0.8 m 的花蔟 50 个，每个花蔟可上熟蚕 500 ～ 600 头；或方格蔟 200 个（156 孔 / 个），每张方格蔟可上熟蚕 120 ～ 150 头；或塑料折蔟 140 个，每张塑料折蔟可上熟蚕 200 头。

### 3. 熟蚕处理及上蔟

蚕见熟后要减少给桑量，以免浪费桑叶。在适当温度范围内，见熟后可适当加温，促使蚕同时老熟。一般早晨熟蚕较少，12 ～ 14 时蚕熟得较多；第一天熟得较少，第二天熟得较多，第三天全部老熟。熟蚕要做到先熟先上蔟，以防熟蚕吐出废丝过多而减少产丝量。未熟蚕要及时收缩蚕座喂叶。

木制方格蔟上蔟　　　　　花蔟上蔟　　　　　　塑料折蔟上蔟

## 4. 蔟中管理

上满熟蚕后的花蔟架成"人"字形，方格蔟则挂起，隔 4 小时捡 1 次游山蚕，并上、下、内、外调换位置，使熟蚕爬动分布均匀，减少双宫茧与薄皮茧。上蔟时室温宜控制在 25 ～ 26℃，不能超过 28℃或低于 20℃，相对湿度为 60% ～ 70%（干湿差为 3 ～ 4℃）。上蔟时温度、湿度、通风等气候环境的调节至关重要，上蔟室应打开门窗，加强通风排湿，在地面上撒吸湿材料（如焦糠、生石灰粉等）。光线稍暗、均匀，防止强风直吹。及时摘下箔头蚕和拾起跌落在地面上的正常熟蚕。上蔟两天后要挑出病蚕、死蚕，以免死蚕腐烂后污染好茧而造成污茧和黄斑茧。

花蔟架成"人"字形　　　　　挂起方格蔟

## 5. 蚕不吐丝结茧的原因及处理方法

蚕上蔟后不吐丝结茧的原因有多种。

（1）蚕不够老熟。由于各种原因蚕食桑量不足，蚕发育得不整齐，部分老熟了部分还没有。处理办法是将还不吐丝结茧的蚕捉下来，再喂给桑叶，待老熟后再上蔟。

（2）上蔟室的温度过高（超过28℃）或过低（低于20℃），蚕也会不吐丝结茧。处理办法是将上蔟室的温度调到25℃左右。

（3）蚕发生蚕病，如得了中肠型脓病的病蚕，广东人称之为"白口仔"，也就是不吐丝结茧的意思。处理办法是将这些病蚕捉下来，集中深埋。

（4）蚕发生中毒。处理办法是了解中毒原因，查清毒源，是农药中毒还是有毒气体中毒，如果是农药中毒的又要分清属哪种农药，是有机磷农药还是有机氮农药，了解中毒原因后再根据具体情况进行处理。

## （二）采茧

采茧的适期应以蚕化蛹、蛹体变为棕黄色为宜。一般春蚕上蔟后5～6天、夏秋蚕上蔟后4～6天为采茧适期。采茧过早会因蚕未化蛹或蛹较嫩，容易被震伤出水，影响蚕茧质量；采茧太迟又有蚕蛹化蛾的危险。需按上蔟顺序先上先采，采茧前应先把死蚕和烂茧挑出，再采好茧。不采"毛脚茧"（未化蛹茧）。

采茧时应按上茧、次茧、下茧（双宫茧、黄斑、紫印、畸形等）、下烂茧等四类分别放置。采下的茧以2～3粒的厚度平铺于蚕匾上，不要堆积，避免蚕茧发热变质。

花蔟采茧

用采茧器在木制方格蔟采茧

## （三）售茧

售茧宜在上午和傍晚，避免中午高温售茧。运输交售时应轻装快运，用竹箩装茧，内放通气笼，禁用薄膜袋装茧和覆盖装茧竹箩，以免引起发热变质，防止日晒雨淋，运输中尽量减少震动，保证蚕茧质量。

# 第四章　蚕主要病害防治

## 一、蚕病毒病及防治

### （一）血液型脓病（核型多角体病）

（1）症状：蚕发病后主要表现为行动狂躁，常爬行于蚕座边缘，环节肿胀，体色乳白，皮肤易破裂流出乳白色脓汁，死后尸体变黑并腐烂发臭。由于感染病毒的时间和数量不同，蚕发病时表现的症状亦不同。小蚕期发病，蚕体皮肤紧张发亮，体色渐呈乳白色，迟迟不能入眠，通称不眠蚕。4～5龄盛食期前发病，蚕体皮肤松弛，环节后部肿胀隆起，通称高节蚕。5龄后期发病，蚕全身肿胀，体色乳白，皮肤易破流脓，通称脓蚕。

**血液型脓病**

（2）防治方法：①在养蚕前、中、后均要进行蚕室、蚕具及周围环境消毒，消灭病原菌。②饲养中及时分批提青，淘汰迟眠蚕和病小蚕，将病蚕挑出并投入生石灰消毒缸中，经1～2天后埋入深土层。③用新鲜生石灰粉进行蚕体、蚕座消毒，每天在给桑前撒1次。④注意桑园病虫害的防治，防止野外带病毒昆虫污染桑叶。

### （二）中肠型脓病（质型多角体病）

（1）症状：发病初期症状不明显，随着病情加重，病蚕食桑减少，发育迟缓，蚕体瘦小，群体大小不均，眠起不齐。发病后期蚕体失去光泽，胸部半透明呈"空头"状，排泄呈连珠状软粪或污液，最严重时排出白色粪便。起蚕发病胸部皮肤多皱褶，尾部较萎缩呈起缩状。病蚕解剖后可见中肠呈乳白色脓肿。

（2）防治方法：①养蚕前后对蚕室、蚕具及周围环境进行彻底消毒，消灭病原菌。蚕期要定期用大蚕防病一号、小蚕防病一号和新鲜生石灰粉进行蚕体、蚕座消毒。②严格分批提青，淘汰弱小蚕、迟眠蚕，防止蚕座传染。③加强饲养管理，大蚕期注意防高温闷热，防潮湿，防饥饿。④加强桑园管理，增施有机肥，消灭病虫害，提高桑叶质量。⑤发现病蚕要及时挑出并投入生石灰消毒缸中，经1～2天后埋入深土层。⑥蚕期添食蚕服康1号、克蚕菌胶囊或克红素等抗生素类药剂，可抑制病情发展。

### （三）脓核病（空头病）

（1）症状：蚕感病初期仅见食欲减退，发育不齐，表现有起缩和空头两种症状，以空头症状居多。起缩症状多在饲食后的1～2天内发生，病蚕基本不吃桑叶，蚕体显著缩小，皮肤多皱褶，呈灰黄色，排黄褐色稀粪。空头症状多在4～5龄的中期发生，此时病蚕停止食桑并爬至蚕座四周，头胸昂起，胸部稍膨大，呈半透明状，排软粪，严重时下痢，排泄褐色污液，死后尸体软化变黑。外表症状与中肠型脓病相似，但解剖后病蚕中肠呈黄褐色，而非乳白色。

（2）防治方法：①养蚕前、后进行彻底消毒，养蚕期间注意蚕座的消毒。②选用抗病品种是最有效的方法。③加强防治桑园害虫，防止野外带病毒的昆虫污染桑叶。④注意防高温闷热。⑤添喂抗菌类药剂有一定的抑制作用。

## 二、蚕真菌病及防治

### （一）白僵病

（1）症状：蚕感病初期，外观与健康蚕无异。随着病情的发展，病蚕出现食桑减少、反应迟钝、行动不灵活等现象。至死亡前一天，有的病蚕体表出现油渍状或暗褐色病斑。死亡时，蚕体头胸向前伸直，躯体松弛柔软，随着体内寄生菌的发育增殖逐渐变硬。1～2天后，蚕体上逐渐长出白色气生菌丝，最后除头部外，全身被菌丝和白色粉末状的分生孢子所覆盖。若蛹期感染发病，死后蚕蛹呈干瘪状，仅在节间膜处生长出白色菌丝和分生孢子。

白僵病

（2）防治方法：①彻底消毒蚕室、蚕具，消灭外在病原菌。②白僵病流行时，用防僵粉对蚕体、蚕座进行消毒，每天1次。③加强桑园害虫防治，减少桑叶污染。④蚕桑生产区禁止生产和使用白僵菌生物农药。⑤蚕座蚕头数不要过密，要勤除沙；平时使用焦糠、生石灰粉等吸湿材料保持蚕座干燥。⑥蚕期可添喂克僵一号、克红素等防僵药物。

## （二）绿僵病

（1）症状：蚕感病后，后期方见食欲减退，发育迟缓，行动不灵活，体壁失去光泽。环节间出现少数大小不一的黑褐色轮状或云纹状病斑，病斑多数边缘色深，中间色淡呈环状。重症病蚕伴有吐液、下痢等症状。病斑形成后，蚕经1～2天停止食桑，不久即死亡。刚死亡时，蚕体伸直发软，略有弹性，体色乳白，后逐渐硬化；经2～3天，在环节间膜及气门处长出白色的气生菌丝，并逐渐扩展全身；再经6～10天，全身呈绿色。

**绿僵病**

（2）防治方法：与白僵病的防治方法基本相同。因野外昆虫感染此病较多，所以做好桑园害虫防治工作尤为重要。

## （三）曲霉病

（1）症状：曲霉病在蚕的每个发育阶段都有发生，对卵、稚蚕和嫩蛹的为害最猛烈。1～2龄期最易发生曲霉病。蚁蚕发病时，未察觉病症即死去，尸体稍带黄色，局部出现缢束，经1～2天尸体即被气生菌丝缠绕，并长出小绒球状黄绿色的分生孢子。3～5龄蚕期多是零星发生，病程进展较缓慢，病蚕多在肛门部位出现不正形黑褐色大病斑，临死时头胸伸出、吐液，死后病斑及周围局部硬化，其他部位则软化发黑腐烂。经1～2天，硬化部分长出白色菌丝，继而生出黄绿色、褐色、棕色分生孢子。蛹期发病，蛹体变为暗褐色，有的在表皮上出现黑色病斑，死后尸体干瘪、缩小硬化。此时如湿度大，菌丝能从蛹体茧层处钻出形成霉变茧。蚕种保护时，如遇高温多湿季节，蚕卵表面也易被曲霉菌寄生，成为霉死卵。

（2）防治方法：与其他真菌病的防治方法基本相同。高温多湿季节要特别注意做好小蚕、嫩蛹及蚕卵的防病工作。

# 三、蚕细菌病及防治

## （一）猝倒病

（1）症状：此病属细菌性中毒症。表现有急性中毒和慢性中毒两种。急性中毒为蚕食下毒素较多，发病快，10分钟至几小时内突然停止食桑，头胸昂起，产生痉挛性抖动，继而侧倒死亡。慢性中毒为蚕食下毒素较少，2～3天后才逐渐表现出食桑减退、发育迟缓，继而出现空头、下痢、肌肉松弛等现象，麻痹侧卧而死。蚕死后胸腹交界处很快变黑腐烂，并向头尾两端延伸，最后全身变黑，体内组织腐烂液化。

（2）防治方法：①蚕室、蚕具、蚕座要进行彻底消毒。②贮桑室要注意清洗消毒。不宜贮湿叶，桑叶最好随采随喂，贮桑时间不宜超过24小时，不宜堆放过厚。③防治桑园害虫，减少传染源。④蚕区不使用细菌性生物农药。若桑叶被细菌性生物农药污染，可用含0.2%～0.3%有效氯的漂白粉澄清液进行叶面消毒。⑤加强饲养管理，小蚕期要良桑饱食，大蚕期要通风排湿。饲养、上蔟等过程要精细，减少创伤感染。⑥添食抗生素。在4龄起蚕、盛食期，5龄起蚕、盛食期及老熟前各添喂蚕服康1号或克蚕菌胶囊1次可以预防此病。发病时，用蚕服康1号或克蚕菌胶囊连续添喂3次（隔8小时1次），能有效控制此病发展。

## （二）败血病

（1）症状：可引起蚕败血病的细菌种类多，但发病时症状基本相同，首先是停止食桑，躯体挺直，行动不灵活或静伏于蚕座上。接着胸部膨大，腹部各环节收缩，吐肠液少许，排软粪或念珠状粪便，最后痉挛侧倒而死。初死时体色与正常蚕无明显差异，不久体壁松弛，头胸伸出，软化变色，内脏离解液化，仅剩几丁质外表皮，稍经震动，体壁破裂，流出发臭的污液。常见以下类型。

①黑胸败血病。病蚕死后不久，首先在胸部至腹部1～3环节出现墨绿色黑斑，接着很快前半身发黑。

②灵菌败血病。病蚕尸体变色较慢，有时在体壁上出现褐色小圆

**灵菌败血病**

斑，随着体内组织的离解液化，全身逐渐变成桃红色。

③青头败血病。5龄后期发病的蚕，死后不久尸体胸背部即出现绿色透明的尸斑，尸斑下有气泡。5龄初期发病的蚕，死后尸斑下多数不出现绿色气泡。

（2）防治方法：同猝倒病的防治方法。

## （三）细菌性肠道病（细菌性胃肠病）

（1）症状：细菌性肠道病一般表现为慢性病，蚕感病后表现为食欲减退，举止不灵活，躯体瘦小，发育不齐，排不正形粪便或软粪、稀粪，甚至污液。因发病时期、寄生菌种类不同而表现有以下症状。

①起缩症状。发生于各龄眠起饷食后，初时表现为食桑很少，逐渐停食，生长缓慢，行动不灵活，体壁皱缩，体色灰黄无光泽，最后萎缩而死。

②空头症状。发生于各龄盛食期，病蚕食欲不振，消化管前半段无桑绿色，充满液体，胸部膨大，呈半透明的空头状，尾角向后倾倒，皮肤无光泽，排不正形软粪，后陆续死亡。

③下痢症状。病蚕排不成形的软粪或念珠状粪便，病重时排出黏液污染尾部，逐渐死亡，临死前常伴有吐液现象。

细菌性肠道病的症状与脓核病的较相似，诊断时，如在淘汰病蚕、改喂良好桑叶、添喂氯霉素后，病情明显好转的可初步诊断为细菌性肠道病。

（2）防治方法：同猝倒病的防治方法。

## 四、蚕微粒子病及防治

（1）症状：微粒子病属慢性病，主要表现为发育不齐、大小差异大、生长缓慢、身体瘦小、体色灰暗等。由胚种传染引起的蚁蚕发病，表现为孵化2天后仍不疏毛，蚕体瘦小，生长缓慢，发育不齐，陆续死亡；大蚕期发病出现迟眠蚕、不眠蚕、半蜕皮蚕和封口蚕，有的病蚕皮肤上有不规则黑褐色小病斑，剖开体壁可见丝腺失去原有的透明度，并有许多乳白色斑块，且脆弱易断裂；熟蚕期发病，多数蚕不能吐丝结茧或只结薄皮茧，后逐渐死去；蛹期发病多为裸蛹或半蜕皮蛹，病蛹体表无光泽，腹部松弛，有的体壁也出现黑褐色病斑。轻病蚕蛹能化蛾，但羽化时间比健蛾迟，且体弱不灵活，交配能力差，存活时间短。病蛾外观常表现为拳翅、黑星、焦尾、秃毛、大肚等症状；病卵的症状为卵形不正、大小不一、产卵排列紊乱和催青死卵。

（2）防治方法：①严格检疫，杜绝经卵胚种传染。②做好蚕室、蚕具及饲育环境的消毒工作。③加强桑园害虫的防治，减少外来传染源。如发现桑叶被微粒子孢子污染，可用含 0.3% 有效氯的漂白粉澄清液进行叶面消毒。④及时淘汰迟眠蚕、弱小蚕，保持蚕座干燥清洁。

# 五、蚕寄生性病害及防治

## （一）蚕蝇蛆病

（1）症状：蚕 3 龄起至 5 龄上蔟前均可被蝇蛆寄生。蚕被寄生后，最明显的症状是在被寄生部位出现 1 个有孔的黑色大病斑。病斑初现时上面黏附着 1 个乳白色的蝇蛆卵壳，随着蛆的成长，病斑逐渐增大，病斑所在的环节常出现肿胀或向一侧扭曲，个别病蚕呈紫色。蚕在 3～4 龄被寄生，多在眠中不能蜕皮而死；5 龄前期被寄生，多不能上蔟结茧；5 龄后期被寄生，可以吐丝结茧，但蛆成熟后咬破茧壳钻出茧外，造成蛆孔茧。受蝇蛆寄生的病蚕、病蛹死后尸体变黑腐烂。

（2）防治方法：①添喂或体喷灭蚕蝇乳剂。添喂方法是用 500 倍稀释液与桑叶按 1：10 的比例充分拌匀后喂食，喂食量以 1 次吃完为好。体喷方法是在给桑前 30 分钟，用喷雾器将 300 倍稀释液均匀地喷在蚕体上，以湿润为标准，待蚕体稍干后再给桑。不论是添喂还是体喷，都是在 4 龄第三天及 5 龄的第二、第四、第六天各用药 1 次，然后在老熟当天上午再喷 1 次。②蚕室安装纱门、纱窗等防蝇设备。③收集捕杀蝇蛆、蝇蛹和成虫，降低虫源基数。

### （二）蚕蒲螨病

（1）症状：蚕蒲螨病俗称壁虱病，是螨类在蚕、蛹、蛾的体壁上寄生，往寄主体内注入毒素，吸取寄主体液而引起寄主中毒死亡的一种急性病。在 1～2 龄小蚕期、眠期和嫩蛹期为害最严重。小蚕受害病势急，很快停止食桑，身体痉挛，头胸部突出，吐液，不久即死亡，尸体不腐烂；大蚕期受害，死亡较慢；起蚕时受害，身体缩短，并有脱肛现象；盛食期受害，蚕体软化、伸长，节间膜处往往有小黑点，排不正形粪便或深褐色污液；化蛹初期受害，蛹体常出现黑褐色病斑，并可在环节处见到大肚雌螨，病蛹不能羽化，死后呈干瘪状，不易腐烂。

（2）防治方法：①严防蒲螨进入蚕室。蚕室、蚕具不要堆放或摊晒棉花、稻谷、麦草、菜籽等。②对蚕室及蚕具进行消毒处理，杀灭蒲螨。③发现有蒲螨为害时，及时除沙拾蚕，用灭蚕蝇乳剂 300 倍稀释液喷洒驱螨，或用灭虱灵熏烟杀螨。

## 六、蚕中毒性病害及防治

### （一）烟草中毒

在烟田 100～150 m 范围内的桑叶均可能被烟碱污染，桑叶一旦被烟碱污染，在 30～60 天内都对蚕产生毒害。在烤烟厂附近养蚕，烟碱被蚕直接从气门吸入或污染蚕座上的桑叶，也会引起蚕中毒。每千克桑叶中烟碱含量达到 5 mg 时，蚕食下就会引起急性中毒；每千克桑叶中烟碱含量为 1～3 mg 时，连续喂食，也会使蚕慢性中毒。

（1）症状：蚕在烟草中毒严重时，先停止食桑，不运动，前半身抬起并向后弯曲，头部及第一胸节紧缩，胸部缩短膨大，排念珠状粪便，继而上半身呈痉挛性颤抖，并吐浓褐色胃液，最后蚕体弯曲，倒卧于蚕座上，不久后死去；中毒轻者，胸部膨大，不灵活，不食桑，头胸部微微抖动，如能及时发现这些蚕，及时除沙，移至通风处并喂食新鲜无毒桑叶，2～24小时后，大部分能恢复正常。

（2）防治方法：要防止烟草中毒，应做到"五不"。①不在桑园150 m范围内种植烟草；②不在烤烟厂附近养蚕；③不用摊晒过烟草或接触过烟草的用具来装桑叶或养蚕；④不在催青室、蚕室、贮桑室内及其附近贮藏烟草；⑤饲养人员不带烟草进入蚕室。一旦发现蚕烟草中毒，应迅速查明并切断毒源，蚕室开窗换气，及时加网除沙，喂食新鲜无毒桑叶。

## （二）有机磷农药中毒

有机磷农药主要是破坏昆虫的神经系统，扰乱神经系统对刺激的正常传递作用。常用的有机磷农药有敌百虫、敌敌畏、乐果、辛硫磷、马拉硫磷、稻丰散等。

（1）症状：蚕中毒后，先是很快停食，头胸昂起，向四周乱爬，不断摆动翻滚，口吐胃液污染全身，腹部后端及尾部缩短，继而侧倒，头部伸出，胸部膨大，经10多分钟到数十分钟后死亡。

（2）防治方法：桑园在应用有机磷这类农药治虫时，不得在桑园里配药。要注意掌握好农药的品种、浓度与使用量，施药后牢记药的残留期，过了残留期再采叶喂蚕。蚕室、蚕具不能用来贮藏、盛放农药，饲养员不要接触这类农药。对怀疑污染了有机磷农药的桑叶，先采少量喂蚕，证明无毒后方可大量采叶喂蚕。

发现蚕受有机磷农药中毒后，迅速打开蚕室门窗通风换气，及时加网除沙，喂食新鲜无毒桑叶，用解磷定、硫酸阿托品等水溶液喷体或用清水洗蚕解毒。

## （三）有机氮农药中毒

有机氮农药主要有西维因、杀虫双、螟蛉畏、巴丹、速灭威、叶蝉散、呋喃丹等，有机氮农药的杀虫机理主要是抑制胆碱酯酶的活性。

（1）症状：杀虫双对蚕有极强的胃毒、触杀、熏蒸和内吸作用。蚕中毒后呈麻痹瘫痪症状，即中毒蚕平伏、不食桑、不摇摆、不吐水、不变色。中毒轻的蚕瘫痪数小时或 1～2 日后复苏，恢复食桑，随着食桑量的增加而恢复健康，最后也能吐丝结茧。5 龄后期中毒，中毒轻者能上蔟，但多吐平板丝或不结茧。中毒严重者则瘫痪 6～7 天后干瘪而死，尸体不腐烂。

（2）防治方法：有机氮农药的残留期较长，对蚕有极强的毒性，不宜用于桑园和桑园周围的农作物治虫，特别是在南方蚕区，养蚕批次较密，应禁止使用。蚕室、蚕具更要防止污染，饲养员也不要接触这类农药。如怀疑桑叶被污染，应先采少量桑叶喂蚕，证明无毒后再大批采叶喂蚕。杀虫双中毒轻者，可用盐酸肾上腺素洗蚕进行解毒。

## （四）拟除虫菊酯类农药中毒

拟除虫菊酯类农药有速灭杀丁（杀灭菊酯）、二氯苯醚菊酯、氯氰菊酯、溴氰菊酯、氯氟氰菊酯等。这类杀虫剂中毒，蚕表现为吐液，足后退、翻身打滚，躯体向背面、腹面弯曲并卷曲呈螺旋状，最后大量吐液并脱肛而死。中毒轻者 1～2 天后可恢复正常。

## （五）氟化物中毒

火力发电厂、水泥厂、砖瓦厂、化工厂、化肥厂、玻璃厂、陶瓷厂、冶炼厂等在生产过程中，将大量含有氟化物的废气释放到环境中，污染附近桑叶。蚕食下受氟化物污染的桑叶后就会中毒。蚕氟化物中毒症状有慢性和急性两种。

（1）症状：慢性中毒一般表现为食桑不旺、发育缓慢、入眠推迟、大小不齐、躯体瘦小、体皮多皱、体色锈黄。个别蚕环节间膜如竹节状隆起。中毒十分严重时，也有在环节间膜处出现点状或带状黑斑的现象。急性中毒多在 4 龄、5 龄大蚕期发生，由于大蚕喂的是成熟桑叶，氟化物在桑叶中积累多，且大蚕食用量大，易造成急性中毒。急性中毒发生在眠起时，表现为饷食后数日整批蚕食桑不旺，体色黄褐不转青。急性中毒发生在盛食期，则表现为食桑突然减退，残桑很多，蚕平伏呆滞，行动不灵活，人为把蚕体弄翻后，蚕难以自行翻转爬行，急性中毒的蚕很快陆续死亡，临死前有吐液现象。

（2）防治方法：新建桑园时，要考虑远离有污染的工厂，一般距离不低于 1 km，污染大的工厂（如铝厂）要远离 10 km 以上。选择饲养抗氟性强的蚕品种、合理安排用叶等也是防止氟化物中毒的好办法。当桑叶受到氟化物污染时，可用石灰水喷洒进行解毒，即将 1% 石灰水喷在桑树上，桑叶的正反两面都喷湿，次日即可采叶喂蚕。或定期（每隔 6 ～ 7 天）用石灰水喷桑树。对采回的桑叶用饱和澄清石灰水浸洗或用清水浸洗，也可明显减轻氟化物的危害。

# CHƯƠNG I   KỸ THUẬT TRỒNG CÂY DÂU TẰM

## I. Nhân giống dâu tằm

Nhân giống cây dâu tằm có hai phương pháp là nhân giống hữu tính và nhân giống vô tính. Nhân giống hữu tính là nhân giống bằng hạt, nhân giống vô tính có nhiều phương pháp như chiết ghép, trồng hom, giâm cành v.v... Ở Quảng Tây thường sử dụng ba phương pháp nhân giống dâu tằm là nhân giống bằng hạt, gieo hạt trực tiếp thành vườn và vùi cành thành vườn.

( I ) Nhân giống bằng hạt

Cây con được ươm lên từ hạt giống dâu gọi là cây giống thực sinh, có ưu điểm là phương pháp đơn giản, thời gian lên cây con ngắn, số lượng lên cây con trên một đơn vị diện tích nhiều, đồng thời bộ rễ cây con phát triển, sau khi trồng cố định thì cây con sinh trưởng mạnh mẽ và thành vườn nhanh, đây là phương pháp được ứng dụng phổ biến ở Quảng Tây hiện nay. Việc dùng cây dâu giống thực sinh trồng để gây tạo vườn thì hiện nay về cơ bản đều sử dụng giống dâu lai. Các giống dâu lai hiện đang được phổ biến ứng dụng ở Quảng Tây như Quế tang ưu 12, Quế tang ưu 62, Đặc ưu số 2, Sa 2 x Luân 109 v.v...

1. Lựa chọn và thu dọn đất ươm cây

Chọn vùng đất có lớp đất dày, đất tơi xốp, nguồn nước tiện lợi, đồng thời cây trồng vụ trước đó không có bệnh héo xanh, bệnh lở cổ rễ, tuyến trùng u sưng rễ để làm vườn ươm. Cày xới, cuốc cho tơi xốp đất, bừa phẳng, đắp luống, đất bề mặt luống phải được làm tơi xốp, luống cao 10~15 cm, rộng 120 cm.

2. Thời gian và phương pháp gieo hạt

Từ thượng tuần tháng 3 đến trung tuần tháng 5 và từ hạ tuần tháng 8 đến trung tuần tháng 10 là thời điểm thích hợp để gieo hạt. Vãi đều hạt lên mặt luống, ấn nhẹ để hạt vùi trong đất, lượng hạt gieo trên mỗi mẫu* là 700~1000 gam. Sau

---

\*   1mẫu ≈ 667m².

khi gieo xong lấy rơm rạ hoặc dương xỉ phủ lên, tưới hoặc phun nước để làm ẩm đất; sau khi gieo hạt thì thường xuyên tưới và phun nước để giữ độ ẩm cho đất.

**Giữ độ ẩm cho đất sau khi gieo hạt**

3. Quản lý vườn ươm

Giai đoạn ươm mầm phải thường xuyên tưới hoặc phun nước,nếu gặp trời nắng gắt thì cần tăng lượng nước phun vào sáng và tối. Khi mầm non mọc được 1~2 lá thật thì chia lượt tiến hành dọn cỏ để mầm cây lộ ra; khi ra 4~8 lá thật thì bón thúc, bón 0,2%~0,3% dung dịch urê hoặc phân chuồng loãng (phân chuồng phải được pha loãng 5~8 lần), sau đó tùy tình hình sinh trưởng cứ cách mười mấy ngày lại bón một lần phân đã hòa với nước; khi cây con cao lên thì lượng phân bón phải tăng lên, có thể bón phân vãi lên đất ướt sau cơn mưa. Ở giai đoạn cây con cần chọn những ngày trời âm u để dọn cỏ.

4. Phòng trừ sâu bệnh hại

Khi gieo hạt, phun rắc thuốc diệt sâu hại như thuốc diệt kiến, sau khi lên mầm có thể phun thuốc trừ sâu với tác dụng kéo dài để phòng trừ sâu bệnh, phun các loại thuốc diệt nấm bệnh như Thiophanate-methyl 50% pha loãng 1000 lần hoặc Thiophanate-methyl 70% pha loãng 1500 lần để phòng trừ bệnh héo rũ, bệnh ngủ rũ cây con.

5. Quản lý cây dâu giống xuất vườn

Khi cây dâu giống cao trên 30 cm và thân đã cứng cáp, đạt yêu cầu đối với cây con đủ tiêu chuẩn thì có thể lần lượt đánh cây lên cho xuất vườn. Khi đánh cây lên yêu cầu phải giữ cho bộ rễ được hoàn chỉnh, cành nhánh không bị gãy dập. Nếu đất ươm bị khô cằn, thì cần phải tưới nước làm đất mềm trước rồi mới đánh cây lên. Cây con đánh lên phải được buộc gọn và phân loại to, vừa, nhỏ để tiện cho việc trồng, giúp cho cây dâu giống sinh trưởng đều. Cây con đánh lên rồi nếu không thể trồng ngay được thì phải đặt ở chỗ râm mát, thoáng khí, không được chất đống, tránh gió và tránh ánh nắng mặt trời. Trường hợp thời tiết quá khô hanh thì có thể phun nước vừa phải để giữ độ ẩm và làm mát cho cây.

( II ) Gieo hạt trực tiếp thành vườn

Đem hạt giống dâu lai gieo trực tiếp xuống ruộng dâu, bỏ qua các bước ươm giống trong vườn ươm và đánh cây lên trồng, thực hiện mục tiêu gieo hạt, tạo vườn và đưa vào nuôi tằm trong cùng một năm, vườn dâu bước vào thời kỳ năng suất cao ngay trong năm tiếp theo, đẩy thời kỳ năng suất cao lên sớm một năm. Phương pháp gieo hạt trực tiếp thành vườn có yêu cầu kỹ thuật như sau:

(1) Chọn khu đất có chất lượng đất tốt, tơi xốp để tạo vườn, kẻ vạch bón phân theo quy cách trồng hàng dâu, bón phân hữu cơ hoai mục men theo vạch kẻ, xới đều với đất, làm phẳng bề mặt đất.

(2) Chọn các giống dâu tốt như Quế tang ưu 12, Quế tang ưu 62, Quế đặc ưu số 2, Quế tang số 5, Quế tang số 6 v.v... Vào thời điểm từ đầu tháng 3 đến trung tuần tháng 4, đánh tơi xốp đất thật kỹ theo vạch kẻ hàng dâu rộng 10 cm, đổ nước cho đất thành dạng hồ sệt rồi rắc hạt dâu men theo hàng, lượng hạt gieo 100~120 gam/mẫu (mỗi 10 cm gieo 3~6 hạt). Phủ lớp mỏng đất bột lên hạt, cuối cùng phủ rơm rạ và tưới đẫm nước.

(3) Có thể chọn các loại cây trồng thân thấp như đậu tương, lạc, rau xanh... để trồng xen giữa các hàng, các cây trồng xen này tranh thủ thu hoạch vào tháng 5 để không ảnh hưởng đến sự ra lá của cây dâu.

(4) Để giữ mầm cây con và nuôi cây, không được đốn dâu vụ hè năm đó; mùa đông sẽ tiến hành chặt đốn cây dâu ở vị trí cách mặt đất 30~60 cm, giữ lại những cây dâu khỏe mạnh theo quy cách 6000~8000 cây/mẫu (với khoảng cách giữa các cây khoảng 13 cm), những cây con thừa được đánh lên có thể để tự sử dụng hoặc bán dưới dạng cây giống thương phẩm.

**Gieo trực tiếp thành vườn, trong năm chiều cao cây có thể đạt 2 mét, sản lượng lá có thể đạt 1500 kg/mẫu**

( Ⅲ ) Nhân giống bằng phương pháp vùi cành

Nhân giống dâu bằng phương pháp vùi cành là tận dụng tính toàn năng và khả năng tái sinh của cành dâu, cắt bỏ cành khỏi cây dâu mẹ, vùi cả cành xuống đất theo chiều ngang, tạo điều kiện thích hợp để cành bị vùi phát triển thành cây mới. Kỹ thuật thao tác đơn giản, đầu tư tạo vườn thấp, có thể hái lá nuôi tằm ngay trong năm thực hiện vùi cành, phương pháp này cho quần thể ngay ngắn, bộ rễ phát triển, sinh trưởng mạnh, chất lượng lá tốt, khả năng chịu hạn cao, là phương pháp tốt để nhân giống dâu chất lượng, năng suất cao và hiệu quả cao.

(1) Chọn đất thịt pha cát hoặc đất phù sa ven sông, cày sâu và xới lên phơi, đập vụn để làm đất vào mùa đông. Với đất sét và đất dễ bị khô cằn thì không nên áp dụng phương pháp này để tạo vườn.

(2) Tại các vườn dâu giống tốt như Quế tang ưu 62, Quế tang ưu 12, Luân giáo 40, Sa 2 × Luân 109, chọn những cây khỏe có thế cây vượng, phiến lá to dày, lóng dày, năng suất cho lá cao, khi đốn cây vụ đông thì cắt lấy cành, cắt bỏ phần còn non ở ngọn, để lại cành trưởng thành, dài khoảng 2 mét, yêu cầu không bị sâu bệnh và còn nguyên lộc đông.

(3) Làm đất xong, mở rãnh theo vạch hàng dâu đã kẻ, khoảng cách hàng 65~80 cm, độ sâu rãnh 20~25 cm. Mỗi mẫu bón 3000 kg phân hữu cơ và 50 kg phân phức hợp, đắp đất 5~10 cm, để rãnh sâu 5~10 cm. Đem các cành đã chọn đặt thành từng cặp song song nằm thẳng men theo rãnh, đầu và đuôi đan xen

nhau, các cành đặt trong rãnh hàng phải liên tục không đứt quãng, lấp đất 7~10 cm và san phẳng bề mặt, nhưng không được nén chặt.

**Vùi cành**

(4) Khi cành bắt đầu nảy mầm, vén lớp đất đắp để lộ ra mầm dâu, cách mỗi 15~20 cm lại vén một chỗ để lộ một gốc chồi. Cũng có thể để sẵn hố chờ nảy mầm lúc vùi cành lấp đất. Khi mầm dâu lớn đến 10 cm thì vun đất.

(5) Các cành được vùi sau khi nảy mầm và mọc rễ cần bón thúc kịp thời, sau này các ngọn mới mọc cao lên thì bón thúc lại một lần nữa. Đào rãnh và bón phân dọc theo hai bên hàng dâu, bón phân xong thì vun đất và làm cỏ để thúc đẩy cây dâu sinh trưởng nhanh.

## II. Xây dựng và quản lý vườn dâu

( I ) Chọn đất và làm đất

Dâu tằm là cây lâu năm, thời gian cho năng suất cao có thể lên tới trên 20 năm, đồng thời có khả năng thích nghi mạnh, yêu cầu về đất không cao, đất đồng bằng, vùng cao, sườn dốc, bãi sông hay ruộng nước đều có thể dùng để trồng dâu. Tuy nhiên, độ phì nhiêu của đất có quan hệ rất lớn đến sản lượng và chất lượng lá dâu, vì vậy chọn vùng đất màu mỡ, tầng đất sâu dày, bề mặt bằng phẳng, thoát nước và tưới tiêu tốt để trồng dâu thì sẽ mang lại hiệu quả cao hơn. Không được xây dựng vườn dâu trên vùng đất từng xuất hiện các bệnh như lở cổ rễ, bệnh héo xanh, tuyến trùng u sưng rễ …; cũng không được xây dựng vườn dâu gần các nhà máy, hầm mỏ, lò gạch, khu vực trồng thuốc lá có xả thải florua và sunfua, vì lá dâu bị nhiễm độc bởi những chất độc hại này không thể dùng cho tằm ăn. Đất trồng dâu phải được cày bừa toàn bộ, nhổ sạch cỏ dại, đào rãnh (sâu 40 cm, rộng 35 cm) theo khoảng cách hàng 60~80 cm, bón lót đầy đủ trong rãnh (mỗi mẫu bón đủ 5000 kg phân hữu cơ hoai mục, 50 kg phân lân canxi magiê hoặc supe lân), sau đó lấp đất trộn phân, đánh vụn đất và đắp phẳng, tiếp đến căng dây kẻ vạch để tiện cho việc trồng. Nên trồng tập trung, liền mạch, giữ khoảng cách nhất định với các cây trồng như lúa, cây ăn quả, cây mía, để tránh khi phun thuốc trừ sâu làm nhiễm bẩn lá dâu dẫn đến tằm bị ngộ độc.

( II ) Lựa chọn và xử lý cây con

Khi đào cây dâu giống cần chú ý bảo vệ bộ rễ của cây con, phân cấp theo kích thước cây con, yêu cầu đường kính phần cổ rễ phải trên 0,3 cm, cao trên 40 cm, cây con yếu và nhỏ không nên sử dụng. Trước khi trồng phải cắt bỏ những cành quá dài, khô héo, bị thương, sâu bệnh, những rễ quá dài cũng nên cắt tỉa gần chỗ phân nhánh, rễ sau khi ngâm nhúng qua bùn là có thể đem trồng.

( III ) Trồng cố định

Trồng vụ đông là tốt nhất, thứ đến là trồng vụ xuân. Theo khoảng cách cây từ 15~20 cm và khoảng cách hàng từ 60~80 cm, trồng dọc theo vạch kẻ bằng phương pháp xúc cắm, độ sâu trồng nên vùi quá phần thân xanh 3,5 cm là vừa, đồng thời dùng chân giẫm lên. Mỗi mẫu trồng 5000 ~ 6000 cây, trồng xong tưới đủ nước cho gốc, cắt bỏ phần thân trên của cây con tại vị trí cách mặt đất 10 cm, nếu gặp trời khô hạn thì phải tăng lượng nước tưới vào sáng và tối để bảo vệ cây con.

(IV) Quản lý bón phân và vun đất vườn dâu

Trọng tâm của quản lý phân bón trong vườn dâu là bón phân hợp lý, đây là điều kiện quan trọng để lá dâu đạt sản lượng ổn định, năng suất cao và chất lượng tốt. Thời điểm, chủng loại, số lượng và phương pháp bón phân cần được bố trí dựa trên quy luật sinh trưởng của cây dâu, điều kiện thổ nhưỡng và khí hậu, đặc điểm của loại phân bón và thời gian hái lá nuôi tằm. Phương pháp bón phân thường được sử dụng là bón theo rãnh, đầu tiên là đào rãnh nông sâu khoảng 20 cm giữa các hàng dâu, bón phân vào rãnh sau đó lấp đất lại để giữ phân. Việc bón phân phải tiến hành đồng thời với công tác xới xáo và làm cỏ.

1. Phân bón vụ đông

Phân bón vụ đông có vai trò quan trọng đối với sự sinh trưởng quanh năm của cây dâu cũng như sản lượng, chất lượng của lá dâu, nên chọn thời điểm sau khi đốn cây vụ đông tức là khoảng trước hoặc sau Đông chí, kết hợp lúc canh tác vụ đông cho vườn dâu thì mở rãnh bón phân. Phân bón vụ đông nên chủ yếu dùng phân hữu cơ như phân ủ, phân chuồng, phân rác, mỗi mẫu bón 3000~5000 kg. Dùng bùn ao, phân bùn mương rãnh bón giữa các hàng để vun gốc dâu, hiệu quả cũng rất tốt.

2. Phân bón thúc chồi

Khi mầm dâu mọc được 2~3 lá, tiến hành bón phân thúc chồi, chủ yếu là các loại phân đạm có tác dụng nhanh như phân và nước tiểu người đã hoai mục hoặc phân urê, phân phức hợp…, mỗi mẫu bón 15 kg phân urê và 25 kg phân phức hợp.

3. Mỗi vụ hái lá phải bón phân một lần

Sau khi đốn cây vụ đông, đào rãnh và bón phân hữu cơ, mỗi mẫu bón 1000~2000 kg phân hữu cơ, bón thúc một lần vào giai đoạn cây dâu nảy mầm xuân, sau đó mỗi lần thu hoạch một vụ lá xong lại bón thúc một lần (bón xong trong vòng 5 ngày sau khi hái lá), mỗi mẫu mỗi lần bón 20 ~ 25 kg phân phức hợp (loại 15-15-15), 7 ~ 9 kg urê, hoặc mỗi mẫu mỗi lần bón 15 kg urê, 20kg supe lân và 6kg kali clorua.

**Đào rãnh bón phân sau khi đốn cây vụ hè**

4. Bón phân hai lần trong năm

Bón phân hai lần trong năm tức là gộp lượng phân cần bón cho vườn dâu trong cả năm lại và chia làm hai lần đào rãnh sâu (30~40 cm) bón vào. Lần bón đầu tiên là thời điểm từ sau khi đốn cây vụ đông đến trước khi nảy mầm xuân, đào rãnh sâu giữa các hàng dâu và bón phân, lượng bón chiếm 60% lượng phân bón cả năm (mỗi mẫu bón 1000~2000 kg phân hữu cơ, 80~100 kg phân phức hợp, 28~35 kg urê, hoặc bón 60 kg urê, 80 kg supe lân, 24 kg kali clorua), hoặc bón 60 kg urê, 80 kg supe lân, 24 kg kali clorua. Lần bón thứ hai là sau khi đốn cây vụ hè, đào rãnh sâu giữa các hàng dâu và bón phân, lượng bón chiếm 40% lượng phân bón cả năm (tức là mỗi mẫu bón 60~75 kg phân phức hợp, 20~27 kg urê, hoặc 45 kg urê, 60 kg supe lân và 18 kg kali clorua), bón xong thì lấp đất và ấn chặt để giữ phân.

( V ) Tưới tiêu và xới xáo làm cỏ vườn dâu

1. Tưới tiêu

Khi vườn dâu gặp khô hạn liên tục, cần tưới nước kịp thời, độ ẩm đất vườn dâu cần duy trì ở mức 70%~80% độ ẩm đất tối đa để đáp ứng nhu cầu sinh trưởng của cây dâu. Khi vườn dâu bị đọng nước hoặc độ ẩm quá cao hoặc mực nước ngầm quá cao, phải kịp thời đào rãnh tiêu úng, nếu không sẽ cản trở bộ rễ phát triển, dẫn đến thối rễ, ảnh hưởng đến sự sinh trưởng của cây dâu.

**Phun tưới**

2. Xới xáo

Dâu tằm là cây trồng một lần và sinh trưởng trong nhiều năm, dễ dẫn đến đất bị cằn cỗi. Thực hiện xới xáo có thể cải thiện độ thấm nước của đất, có lợi cho sự phát triển mạnh mẽ của bộ rễ cây dâu. Vì vậy, nên tiến hành xới xáo làm đất vào giữa năm, vào mùa đông cũng cần phải cuốc xới đất tơi xốp và bón nhiều phân hữu cơ để cải tạo đất.

3. Làm cỏ

Cỏ dại trong vườn dâu sẽ ăn chất dinh dưỡng và nước của cây dâu, ảnh hưởng đến sự sinh trưởng của cây. Vì vậy, khi xới xáo nên kết hợp làm cỏ. Cũng có thể dùng thuốc diệt cỏ hóa học để diệt cỏ, thuốc diệt cỏ thường dùng ví dụ như Gramoxone... Cách dùng: Mỗi mẫu dùng 0,2 kg Gramoxone pha với 60 kg nước và phun lên cỏ dại trong vườn dâu, lưu ý phun thuốc vào lúc trời quang sau khi sương đã khô, tuyệt đối không phun lên mặt lá dâu, sau khi phun 15 ngày mới có thể thu hoạch lá để cho tằm ăn.

(Ⅵ) Chăm sóc dáng cây và tỉa cành dâu

1. Đốn cây vụ đông

Đốn cây vụ đông thực hiện vào thời điểm trước hoặc sau Đông chí, áp dụng phương pháp cắt thấp, tức là với những cành khỏe mọc lên sau khi đốn cây vụ hè thì cắt ở vị trí cao 30~60 cm, với những cành yếu thì cắt từ phần gốc.

2. Đốn cây vụ hè

Đốn cây vụ hè được thực hiện vào trung tuần tháng 7, áp dụng phương pháp cắt gốc, tức là những cành trên mặt đất được cắt ngang với mặt đất. Việc cắt đốn nên tiến hành vào lúc trời quang, lưu ý không cắt rách lớp vỏ và phần mạch gỗ ở gốc cành, tránh làm ảnh hưởng đến sự nảy mầm của cây dâu.

**Hình thức đốn cây vụ đông**          **Hình thức đốn cây vụ hè**

## III. Thu hoạch lá dâu

Phương pháp thu hái lá được áp dụng phổ biến tại các vườn dâu Quảng Tây. Lần đầu hái lá vụ tằm xuân và thu, khi ngọn chồi mới dài trên 70 cm mới được thu hái, khi hái lá nên hái luôn cả cùng cành nhỏ yếu phần dưới, mỗi gốc để lại 3~4 cành khỏe là được. Cứ 25~30 ngày lại thu hái một lần, mỗi lần hái phải chừa lại 4~5 lá ở phần trên của cành, hái hết các lá ở phía dưới. Chỉ đến trước khi chặt đốn mới được hái hết lá cả cây.

Việc hái lá nên thực hiện vào thời điểm trước 10 giờ, sau 16 giờ hoặc lúc trời âm u sau khi đã khô sương, tránh hái lá dưới trời nắng gắt nhiệt độ cao.

Sau khi bón phân hóa học (urê, amoni bicacbonat, amoni sunfat,…) phải đợi trên 15 ngày mới được hái lá cho tằm ăn, tránh việc hàm lượng nguyên tố hóa học trong phân bón còn quá nhiều ở lá dâu khiến tằm bị ngộ độc .

Lá dâu hái xuống phải đựng vào sọt chuyên dụng đã được khử trùng, phải đóng lỏng tay, vận chuyển nhanh, bốc dỡ nhanh để giữ cho lá dâu được tươi. Tuyệt đối không dùng túi ni lông để đựng và vận chuyển lá dâu, vì như vậy dễ làm lá dâu bị nóng lên men và biến chất.

Khi hái lá yêu cầu không được làm tổn thương lớp vỏ cành, khi hái lá non phải giữ lại cuống lá; nếu hái bằng phương pháp thu hoạch cả cành thì vết cắt phải phẳng nhẵn; lá dâu trong quá trình bốc dỡ và vận chuyển phải chú ý tránh để nhiễm bẩn.

# CHƯƠNG II  CÁC LOẠI SÂU BỆNH HẠI CHÍNH TRÊN CÂY DÂU VÀ BIỆN PHÁP PHÒNG TRỪ

**I. Các loại bệnh hại chính trên cây dâu và biện pháp phòng trừ**

( I ) Bệnh khảm lá dâu

(1) Triệu chứng: Triệu chứng bệnh khảm lá dâu có biểu hiện khá phức tạp, có thể chia làm 3 loại. Một là dạng khảm lá đốm vòng, trên lá bệnh có các đốm vòng hình tròn đồng tâm với kích thước khác nhau, ở giữa có màu xanh lục và xung quanh có màu vàng nhạt. Hai là dạng khảm nhăn, lá bệnh ngoài những vết loang lổ vàng xanh xen kẽ, còn xuất hiện những nếp nhăn gấp nghiêm trọng. Ba là dạng khảm lá

**Dạng khảm lá đốm vòng ở bệnh khảm lá dâu**

sợi, lá bệnh mới đầu bị thu hẹp lại ở phần đỉnh tạo thành hình dáng như ngọn giáo, còn hay xuất hiện các đốm úa vàng dạng lưới với màu xanh hai bên gân lá chuyển đậm hơn và bay màu giữa các gân lá. Các lá bệnh càng gần ngọn cành thì càng nhỏ, trường hợp nặng thì thịt lá biến mất, chỉ còn lại các gân lá chính có hình dạng sợi.

(2) Biện pháp phòng trừ: ① Những vườn dâu phát bệnh nặng có thể áp dụng biện pháp đốn cây vụ đông và để lại cành cao 60~80 cm, tránh việc bệnh hại lan ra diện tích rộng. ② Khi tiến hành nhân giống vô tính, cần nghiêm ngặt chọn lấy cây con sạch bệnh làm gốc ghép và cành chiết. ③ Những vùng bệnh nặng chọn trồng giống dâu kháng bệnh như Luân giáo số 40.

( II ) Bệnh héo rũ cây dâu

(1) Triệu chứng: Bệnh héo rũ trên cây dâu có 3 dạng là vàng lá, teo héo và

khảm lá (còn gọi là bệnh khảm lá xoăn lá). Với dạng vàng lá, ở giai đoạn đầu phát bệnh, một số ít đầu nhánh và lá non bị teo lại, chuyển sang màu vàng và cuộn lên về phía mặt lưng lá. Khi bệnh nặng hơn, các chồi nách nảy mầm, cành nhánh mảnh và yếu, lá bé gầy, lóng rất ngắn, dần dần bệnh từ một vài cành lan rộng ra toàn cây. Sau khi đốn cây vụ hè những cây dâu bị bệnh nặng, các cành mới sẽ mọc ra nhiều yếu và nhỏ, mọc dày đặc những chiếc lá bé gầy dạng như tai mèo rồi dần dần chết khô.

Dạng teo héo phần lớn xảy ra sau khi đốn dâu vụ hè. Ở giai đoạn đầu phát bệnh, lá bệnh teo nhỏ, mặt lá nhăn lại, kiểu xếp lá lộn xộn, cành mảnh và ngắn, lóng co ngắn lại. Đến giai đoạn giữa của bệnh, phần giữa hoặc đầu cành xuất hiện sớm các chồi nách, hình thành rất nhiều cành nhánh, lá ngả vàng và thô ráp, lá thu rụng sớm, mầm xuân xuất hiện sớm. Giai đoạn cuối của bệnh, cành sinh trưởng kém đi rõ rệt, phiến lá nhỏ hơn, cành dâu bị bệnh nặng giống như hình cái chổi.

Dạng khảm lá chủ yếu xuất hiện vào mùa xuân, hạ và cuối thu. Bệnh thường bắt đầu từ một vài nhánh sau đó lan ra toàn bộ cây. Ở giai đoạn đầu của bệnh, giữa các gân bên của lá xuất hiện các đốm màu xanh lục nhạt, dần dần lan rộng và liên kết với nhau thành mảng lớn màu xanh vàng, còn vùng gần quanh gân lá vẫn giữ màu xanh, tạo thành các lá khảm xen kẽ màu xanh vàng. Khi bệnh nặng, phiến lá co lại, mép lá cuộn cong lên trên, trên gân phía lưng lá có những u nhỏ lồi lên, các gân nhỏ chuyển sang màu nâu, một số lá thì nửa lá không có khía lõm trên rìa. Khi bệnh nặng hơn, lá co nhỏ lại và quăn lên, gân lá chuyển sang màu nâu, u cục nổi lên rõ hơn, cành gầy và ngắn, chồi nách ra sớm, sinh cành nhánh, cây bệnh rất dễ bị hư hại do băng giá.

(2) Biện pháp phòng trừ: ① Tăng cường công tác kiểm dịch cây giống, nghiêm cấm vận chuyển cây giống, cành chiết, gốc ghép bị bệnh vào vùng sạch bệnh. ② Tăng cường quản lý vườn dâu, thu hoạch và chặt đốn hợp lý, tăng cường bón phân hữu cơ đồng thời kết hợp với phân đạm, phân lân, phân kali để tăng sức sống cho cây, nâng cao khả năng kháng bệnh. ③ Chọn trồng giống cây

kháng bệnh. ④ Làm tốt công tác phòng trừ các loại côn trùng trung gian như rầy đầu xanh mép lõm và rầy đầu đỏ, phương pháp áp dụng là diệt bằng thuốc và cắt ngọn loại bỏ trứng vào mùa đông.

(Ⅲ) Bệnh héo xanh cây dâu

(1) Triệu chứng: Đây là bệnh mao mạch điển hình, nấm gây bệnh xâm nhiễm vào mạch rễ của cây dâu làm cản trở sự vận chuyển nước, khiến lá bị tàn héo. Đối với cây dâu mới trồng, sau khi bị nhiễm bệnh héo xanh, lá của cả cây thường có hiện tượng bị mất nước và tàn héo đồng thời, nhưng phiến lá vẫn giữ màu xanh, có dạng héo xanh; ở những cây dâu già, có thể thấy phần

**Tình trạng héo xanh trên cây dâu bệnh**

ngọn và mép những phiến lá ở giữa và trên của cành mất nước trước, sau đó phiến lá ngả sang màu nâu, héo khô, dần dần lan rộng ra cả cây, tốc độ chết chậm hơn. Trong thời gian đầu phát bệnh, lớp vỏ rễ nhìn bên ngoài bình thường, nhưng phần mạch gỗ của rễ xuất hiện các sọc màu nâu, khi bệnh phát triển lên, các sọc màu nâu kéo dài lên trên thân và cành, trường hợp nặng, phần mạch gỗ của toàn bộ rễ chuyển hết sang màu nâu, màu đen, lâu ngày sẽ thối và bong rụng đi.

(2) Biện pháp phòng trừ: ① Tăng cường công tác kiểm dịch. Nghiêm cấm mang cây giống bị bệnh vào vùng không có bệnh, trồng dâu ở vùng không có bệnh phải tự nhân giống và tự trồng, không mua giống dâu ở vùng có bệnh. ② Nếu phát hiện cây bị bệnh trên ruộng phải đào bỏ kịp thời và tập trung đốt tiêu hủy, các hố cây bệnh và đất xung quanh đó phải được tiêu độc khử trùng bằng dung dịch bột tẩy trắng có chứa 1% clo hữu cơ. ③ Với vườn dâu bị bệnh nặng thì thực hiện luân canh lúa nước và mía. Đất bị bệnh nếu chuyển sang trồng lúa nước trong 2 năm có thể đạt hiệu quả diệt nấm, chuyển trồng mía trong 5 năm có thể đạt hiệu quả sạch bệnh.

(IV) Bệnh cháy lá dâu

(1) Triệu chứng: Có hai dạng là héo đen và teo lá. Khi nấm bệnh héo đen từ khí khổng xâm nhập phiến lá thì trên lá xuất hiện các đốm nâu dạng chấm; khi nấm bệnh từ các vết thương như cuống lá, gân lá... xâm nhập mao mạch thì trên phiến lá xuất hiện các đốm nâu hình đa giác bất quy tắc, thường nối liền thành một mảng, lá chuyển màu vàng và rụng; Khi nấm

**Ngọn bệnh dạng héo đen bệnh cháy lá dâu**

bệnh xâm nhập từ ngọn non, ngọn và lá non chuyển sang màu đen và thối; khi mầm bệnh xâm nhập từ biểu bì của cành, bề mặt cành xuất hiện các đốm sọc dạng chấm dọc màu nâu đen hơi gồ lên và có độ dày khác nhau. Những phiến lá dạng teo lá ở giai đoạn đầu nhiễm bệnh xuất hiện những đốm dạng tròn màu nâu, xung quanh hơi úa, giai đoạn sau vết bệnh bị đục lỗ, phần mép lá chuyển màu nâu, lá bị thối; khi gân lá bị bệnh hại sẽ chuyển sang màu nâu, phiến lá quăn về phía mặt sau và có dạng lá teo, dễ rụng; Khi ngọn mới bị bệnh hại, xuất hiện các đốm bệnh lớn hình thoi dạng vết rạn nứt màu đen, các chồi ngọn chuyển sang màu đen và khô héo, chồi nách phía dưới vào mùa thu nảy mầm thành ngọn mới.

(2) Biện pháp phòng trừ: ① Lựa chọn trồng giống kháng bệnh. ② Mùa đông cắt bỏ các ngọn bị bệnh, vào mùa phát bệnh sau khi đốn cây vụ hè và nảy mầm mùa xuân thì kịp thời cắt bỏ mầm và cành bị bệnh. ③ Trong giai đoạn đầu phát bệnh, phun lá và ngọn non bằng 300~500 đơn vị quốc tế Oxytetracycline, 100 đơn vị quốc tế Streptomycin dùng trong nông nghiệp hoặc dung dịch pha 500 lần hỗn hợp 15% Streptomycin với 1.5% Oxytetracycline để phòng trừ, cứ 7~10 ngày lại phun một lần, phun liên tục vài lần là có thể khống chế làm cho bệnh không bị lan rộng. ④ Tăng cường quản lý vườn dâu. Hạ thấp mực nước ngầm, cải thiện khí hậu vườn dâu, không thiên về bón phân đạm, tránh việc lá

dâu phát triển quá mức.

( V ) Bệnh gỉ sắt trên dâu tằm

(1) Triệu chứng: Sau khi lá dâu bị nhiễm bệnh, mặt trước và mặt sau của lá có lấm tấm các chấm nhỏ sáng bóng hình tròn, dần dần dày lên và phồng rộp thành dạng bong bóng xanh, màu sắc chuyển vàng, cuối cùng là bào tử gỉ sắt dạng phấn bột màu vàng cam xuyên qua lớp biểu bì và rải rác trên bề mặt lá dâu. Gân lá, cuống lá và ngọn mới bị hại, vết

**Mặt sau của lá bị bệnh gỉ sắt hại dâu**

bệnh phát triển dọc theo mao mạch, vùng bị bệnh phì ra, sưng và cong, biểu bì sau khi vỡ cũng phủ đầy phấn bột màu vàng cam. Vết bệnh do  ngọn cành để lại có màu nâu, hơi trũng xuống, bên trong có sợi nấm.

(2) Biện pháp phòng trừ: ① Vặt bỏ mầm bị bệnh bằng cách thủ công. Từ khi mầm dâu mới nhú đến lúc ra lá, trước khi bào tử gỉ sắt trưởng thành và phát tán, vườn dâu phải được kiểm tra thường xuyên, phát hiện mầm bệnh phải kịp thời vặt bỏ và đốt hủy, cứ 7~8 ngày một lần cho đến khi không còn xuất hiện mầm bệnh. Hiệu quả phòng trừ của phương pháp này là khoảng 80%. ② Phòng trừ bằng thuốc. Phun mầm dâu bằng dung dịch pha 1000 lần Triadimefon 25%, hiệu quả phòng trừ đạt 90% vào mùa xuân, còn vào mùa hè hiệu quả phòng bệnh vào khoảng 80%.

( VI ) Bệnh đốm nâu trên dâu tằm

(1) Triệu chứng: Lá dâu non dễ bị bệnh hơn, vết bệnh lúc đầu là những đốm màu nâu, dạng úng nước, kích thước bằng hạt vừng, sau đó lan rộng dần thành hình gần tròn hoặc hình đa giác do bị giới hạn bởi gân lá. Vết bệnh có đường viền rõ ràng, mép có màu nâu sẫm, bên trong màu nâu nhạt, vành trên của lá xuất hiện các bào tử phân sinh dạng cục bột màu trắng hoặc hơi đỏ, bào tử phân sinh bị nước mưa xối trôi để lộ ra đĩa bào tử phân sinh có hình dạng nốt mụn nhỏ màu

nâu đen. Màu lá xung quanh vết bệnh hơi nhạt đi, từ xanh chuyển sang vàng, vết bệnh giống nhau có thể xuất hiện ở cả mặt trước và mặt sau của lá. Các vết bệnh sau khi hút nước dễ bị thối và đục lỗ, khi bệnh nặng các vết bệnh liên kết với nhau, lá bị héo vàng và dễ rụng.

(2) Biện pháp phòng trừ: ① Lựa chọn trồng giống kháng bệnh. ② Loại bỏ nấm gây bệnh. Sau khi lá rụng vào cuối thu, loại bỏ sạch triệt để lá bệnh, đem những lá bị bệnh chôn sâu dưới đất hoặc làm phân ủ. ③Vườn dâu trũng lưu ý khơi rãnh thoát nước để giảm độ ẩm, tăng cường bón phân hữu cơ, nâng cao

**Mặt trước lá dâu bệnh đốm nâu**

khả năng kháng bệnh của cây dâu. ④ Phòng trừ bằng thuốc. Khi phát hiện trên 20%~30% phiến lá xuất hiện 2~3 đốm cỡ hạt vừng, ngay lập tức sử dụng dung dịch pha 1000~1500 lần bột thấm ướt Carbendazim 50% (thêm 0,2% ~ 0,5% bột giặt làm chất kết dính) hoặc dung dịch pha 1500 lần bột thấm ướt Thiophanate-methyl 70% để phun, cách 10~15 ngày lại phun một lần, hiệu quả sẽ tốt hơn.

(Ⅶ) Bệnh héo xoăn lá dâu tằm

(1) Triệu chứng: nấm bệnh hại lá dâu, xuất hiện khá nhiều ở lá non. Khi bệnh khởi phát vào mùa xuân, mép lá dâu có các vết bệnh liền thành mảng màu nâu sẫm, khi lá lớn lên, thân lá co cuộn về phía mặt lá. Khi phát bệnh vào mùa hè và mùa thu, đầu nhọn lá và mép lá gần đó của những phiến lá đầu cành chuyển sang màu nâu, dần dần lan rộng ra làm cho nửa trước phiến lá có dạng vết bệnh lớn màu nâu vàng, giữa mép và gân của những phiến lá phía dưới xuất hiện vết bệnh lớn hình thoi. Ranh giới giữa các mô bệnh và mô khỏe trở nên rõ rệt. Vết bệnh bị thối sau khi hút nước và nứt ra khi khô. Lá bệnh dễ rụng.

(2) Biện pháp phòng trừ: ① Tiêu diệt nguồn bệnh. Sau khi lá rụng vào cuối thu, gom các lá bệnh lại đem đốt hủy. Những chiếc lá bệnh phát hiện thấy đầu tiên vào mùa xuân phải kịp thời loại bỏ và đốt hủy. ② Trong vườn dâu trồng mật độ dày và hái lá một cách hợp lý, đảm bảo thông gió và đầy đủ ánh sáng, thoát nước kịp thời sau mưa, tránh để đọng nước. ③ Phòng trừ bằng

**Mặt bụng lá bị bệnh xoăn lá dâu tằm**

thuốc. Giai đoạn đầu khi mới phát bệnh phun dung dịch pha 1000~1500 lần bột thấm ướt Thiophanate-methyl 70% hoặc dung dịch pha 1000~1500 lần bột thấm ướt Carbendazim 25%. Sau khi đốn cây vụ hè, sử dụng hợp chất lưu huỳnh vôi 4~5 °Bé hoặc dung dịch pha 800 lần bột thấm ướt Carbendazim 25% để khử trùng cho cây.

(Ⅷ) Bệnh phấn trắng trên dâu tằm

(1) Triệu chứng: Nấm bệnh chủ yếu gây hại cho các lá dâu già ở phía dưới phần giữa của cành. Lúc đầu trên mặt sau của lá xuất hiện những đốm mốc nhẹ rải rác màu trắng, sau đó dần trắng hơn và lan rộng ra, thậm chí liên kết thành mảng. Bề mặt đốm mốc có dạng bột, là sợi nấm và bào tử phân sinh của nấm gây bệnh. Giai đoạn sau trên đốm mốc trắng xuất hiện các hạt

**Mặt sau lá dâu bị bệnh phấn trắng**

nhỏ màu vàng (vỏ nang kín), khi các hạt nhỏ chuyển từ màu vàng sang đỏ cam rồi nâu và cuối cùng là màu đen thì vết mốc bột trắng biến mất.

(2) Biện pháp phòng trừ: ① Chọn trồng giống dâu xơ cứng chậm. ② Hái

lá kịp thời, khi hái lá phải hái từ dưới lên trên, để lá dâu không bị già. ③ Tăng cường quản lý phân bón, lưu ý chống khô hạn, làm chậm quá trình xơ cứng lá dâu. ④ Phòng trừ bằng thuốc. Ở giai đoạn đầu phát bệnh, phun toàn bộ bằng dung dịch Carbendazim 0,3%~0,5%; vào giai đoạn hái lá, phun dung dịch pha 1500 lần bột thấm ướt Thiophanate-methyl 70%, cứ cách 10~15 ngày lại phun một lần; vào mùa đông, phun hợp chất lưu huỳnh vôi 2~4 °Bé để tiêu diệt mầm bệnh trú đông trên cành và mặt đất.

(Ⅸ) Bệnh than trên lá dâu

(1) Triệu chứng: Chủ yếu xảy ra ở mặt sau của lá dâu già, bệnh hại nặng hơn về mùa thu. Khi mới phát bệnh, trên mặt sau của lá xuất hiện những đốm bệnh nhỏ hình tròn giống như bột than, khi bệnh tiến triển nặng dần, các đốm bệnh lan to dần và có màu đen sẫm hơn. Tại các vị trí tương ứng trên bề mặt lá cũng có các đốm bệnh màu vàng nâu cùng kích thước. Sau khi đốm

**Mặt sau phiến lá bị bệnh than trên lá dâu**

bệnh tiếp tục lan rộng, chúng thường liên kết với nhau và phủ kín mặt sau của lá. Khi cùng phát bệnh với bệnh phấn trắng dâu tằm, mặt sau của lá thường hình thành các đốm hỗn hợp xen kẽ đen trắng.

(2) Biện pháp phòng trừ: ① Loại bỏ nguồn bệnh trú đông. Hái bỏ những chiếc lá còn sót lại trên cây dâu trước khi lá rụng vào cuối thu. ② Chọn trồng giống kháng bệnh. ③ Hái lá hợp lý, khi hái thì hái từ dưới lên trên để tránh cho lá bị già. ④ Tăng cường quản lý phân bón. Vào mùa thu khô hạn phải tưới nước kịp thời để trì hoãn xơ cứng lá dâu. ⑤ Phòng trừ bằng thuốc. Ở giai đoạn đầu phát bệnh, phun dung dịch pha 500~1000 lần bột thấm ướt Carbendazim 25%.

(Ⅹ) Bệnh lở cổ rễ/ bệnh thối rễ Rhizoctonia trên cây dâu tằm

(1) Triệu chứng: Nấm bệnh xâm nhập vào phần rễ cây dâu. Ở giai đoạn

đầu phát bệnh, vỏ rễ mất đi độ bóng và chuyển dần sang màu nâu đen. Khi bệnh nặng, lớp vỏ bị thối, chỉ còn lại lớp bần (lie) và mạch gỗ (xylem) tách rời nhau. Bề mặt rễ dâu có bám các sợi nấm dạng rễ màu tím, tập hợp thành một lớp màng nấm dạng như lông tơ màu đỏ tím ở phần gốc thân cây lộ lên trên mặt đất và bề mặt đất, xuất hiện bào tầng (Hymenium) vào tháng 5~6. Ngoài các sợi nấm trên phần rễ bị thối,

**Bệnh lở cổ rễ/ bệnh thối rễ Rhizoctonia trên cây dâu tằm**

còn sinh ra các hạch nấm màu đỏ tím. Sau khi rễ dâu bị nấm hại, cây sẽ yếu đi, lá bị teo nhỏ lại, màu lá chuyển vàng, sinh trưởng chậm, khi bệnh nặng sẽ chết cả cây.

(2) Biện pháp phòng trừ: ① Khử trùng cây giống. Ngâm rễ mầm cây bệnh bằng dung dịch pha 500 lần bột thấm ướt 25% Carbendazim trong 30 phút, có thể diệt hoàn toàn các sợi nấm ký sinh bên trong và bên ngoài hệ rễ. ② Luân canh. Ở những vườn dâu, vườn ươm bị bệnh nặng, trên cơ sở đào bỏ hết cây bệnh và thu dọn sạch rễ bị bệnh, đổi sang trồng các loại cây họ lúa như cây lúa nước, lúa mạch, lúa mì, ngô, sau 4~5 năm mới trồng lại dâu. Nếu chỉ luân canh 1~2 năm, không những không có tác dụng phòng trừ mà việc canh tác còn tạo điều kiện cho mầm bệnh phát tán, lây lan. ③ Tăng cường quản lý bón phân cho vườn dâu, tiêu úng kịp thời với những vườn dâu trũng. Bón 125~150 kg vôi mỗi mẫu đối với đất chua nặng, có tác dụng khử trùng và giảm độ chua của đất. Bón hỗn hợp phân hữu cơ hoai mục và Calcium cyanamide (50 kg/mẫu) có thể tiêu diệt nấm gây bệnh và gia tăng độ phì nhiêu cho đất.

(XI) Bệnh tuyến trùng u sưng rễ

(1) Triệu chứng: Rễ bên và rễ tơ của dâu bị hại có nhiều u cục với kích thước khác nhau. Ở giai đoạn đầu mới hình thành u rễ khá rắn chắc, có màu

trắng vàng, sau dần chuyển sang màu nâu, đen và thối. Khi cắt các u rễ ra có thể nhìn thấy các tuyến trùng cái hình quả lê màu trắng đục, trong mờ. Sau khi phát bệnh, rễ chùm của cây dâu giảm và rụng, khó ra rễ mới. Trường hợp nghiêm trọng, việc vận chuyển nước và chất dinh dưỡng bị cản trở, dẫn đến cây sinh trưởng kém, chồi và lá khô héo, khô cành và chết cả cây.

**Trạng thái gây hại của bệnh tuyến trùng u sưng rễ trên rễ cây dâu**

(2) Biện pháp phòng trừ: ① Ươm cây trên đất không có sâu bệnh, nghiêm ngặt lựa chọn cây con sạch bệnh để trồng dâu mới. ② Khử trùng làm sạch đất. Mỗi mẫu dùng 150kg vôi, rải đều và cày xới, hoặc mỗi mẫu bón 100~150 kg dung dịch Ammonia , mở rãnh bón xong thì lấp đất nén chặt, cách 10 ngày mới sau gieo lại. ③ Thực hiện luân canh với các loại cây trồng như mía, lúa, ngô, 3 ~ 4 năm sau trồng lại cây dâu.

(XII) Bệnh héo rũ gốc mốc trắng trên dâu tằm

(1) Triệu chứng: Bệnh chủ yếu gây hại trên cây con chiết ghép, giâm cành và trong vườn ươm ở những vùng ấm, ẩm phía Nam Trung Quốc. Cây con nhiễm bệnh thường có những đốm chấm lúc đầu màu nâu nhạt sau chuyển sang nâu rồi nâu sẫm xuất hiện trên biểu bì phần thân cây gần bề mặt đất, đồng thời trên mô bệnh mọc ra những đám hạt nhỏ màu trắng dạng phát xạ, sau đó đám hạt nhỏ chuyển sang màu vàng nhạt, cuối cùng trở thành các hạch nấm như cỡ hạt cải dầu màu nâu trà. Sau khi hạch nấm hình thành, các sợi nấm màu trắng dần dần biến mất, lớp vỏ của bộ phận bị bệnh bị thối và dễ dàng tách ra, cuối cùng chỉ còn lại ít sợi. Lá của cây con bị bệnh chuyển vàng, khô héo và cuối cùng là chết héo cả cây.

**Bệnh héo rũ gốc mốc trắng trên dâu tằm**

(2) Biện pháp phòng trừ: ① Dùng cát sạch xử lý trước hom. Xử lý trước hom bằng cát sạch ven sông có thể khống chế hoặc giảm thiểu sự xuất hiện của bệnh. ② Khử trùng bằng thuốc hoặc xử lý hom. Trước tiên sử dụng dung dịch pha 300 lần hoặc 500 lần bột thấm ướt Carbendazim 25% hoặc 50% để khử trùng cát, phủ cát bằng màng nhựa mỏng trong 7 ngày, sau đó tiến hành vùi hom trong cát, hoặc đem hom sau khi đã vùi cát ngâm thuốc nêu trên trong 20~30 phút, có thể khống chế được sự xuất hiện của bệnh.

## II. Các loài sâu hại chính trên cây dâu tằm và biện pháp phòng trừ

( I ) Sâu dâu

Sâu dâu là loài sâu hại thuộc họ bọ vòi voi (Curculionidae) bộ cánh cứng (Coleoptera). Sâu trưởng thành gây hại cho lộc đông và chồi non mới nảy mầm của cây dâu vào đầu xuân, làm giảm tỷ lệ nảy mầm; sau khi đốn cây vụ hè chúng phá hại các chồi cố định và ngọn mới phía dưới vết chặt, trường hợp nặng có thể ăn hết búp dâu của cả cây; tháng 6 đục lỗ ở gốc ngọn non để đẻ trứng, khiến cho ngọn mới dễ bị gió thổi gãy.

Biện pháp phòng trừ: ① Phòng trừ bằng thuốc. Sau khi đốn dâu vụ hè, có thể phun dung dịch pha 1000 lần nhũ tương DDVP 80%. ② Cắt tỉa cọc khô một nửa. Vào mùa đông, cắt bỏ hẳn các cọc và cành khô, gom lại và đốt hủy.

( II ) Muỗi năn hại búp dâu (*Contarinia* sp.)

Muỗi năn hại búp dâu có hai loại là muỗi năn hút dịch búp dâu và muỗi năn cam trên cây dâu, đều là sâu hại thuộc họ muỗi năn (Cecidomy II dae) bộ hai cánh (Diptera). Muỗi năn hút mật búp dâu chủ yếu phân bố ở Quảng Đông và Quảng Tây, muỗi năn cam trên cây dâu chủ yếu phân bố ở các tỉnh Sơn Đông và Chiết Giang. Sâu trưởng thành đẻ trứng trên búp dâu, ấu trùng hút dịch của búp non, nhẹ thì búp dâu bị quăn lại biến dạng, nặng thì búp ngọn bị khô héo, thối, cành bị bít ngọn, chồi nách nảy mầm, cành bên mọc thành chùm dạng như cái chổi, ảnh hưởng đến sản lượng và chất lượng lá dâu.

**Trạng thái sâu hại bởi muỗi năn hút dịch búp dâu (cành bên mọc thành chùm như cái chổi)**

Biện pháp phòng trừ: ① Rắc thuốc lên đất. Sau khi đốn dâu vụ hè, với mỗi 1000m2 sử dụng 5~6 kg hạt Isofenphos-methyl 3%, hoặc 0,3~0,5kg Isofenphos-methyl EC 40%, trộn đất hoặc cát mịn và rắc lên vườn dâu, xới xáo để thuốc thấm vào đất. ② Phun thuốc lên phần búp ngọn. Vào thời kỳ cao điểm sinh sôi của các lứa ấu trùng, dùng dung dịch pha 800~1000 lần Dichlorvos EC hoặc Phoxim EC phun lên chồi ngọn. ③ Hái lõi lá xuân. Khi lứa đầu tiên của ấu trùng gây hại xuất hiện vào đầu xuân, hái bỏ toàn bộ lõi dâu và vận chuyển ra khỏi vườn dâu để đốt hủy.

( III ) Sâu đo hại dâu tằm

Sâu đo hại dâu tằm là loài sâu hại thuộc họ ngài sâu đo (Geometridae) bộ cánh vảy (Lepidoptera). Xuất hiện rộng rãi ở nhiều nơi, trong các vườn dâu quanh năm đều có thể thấy ấu trùng. Khi búp dâu nảy mầm vào đầu xuân, ấu trùng trú đông thường ăn rỗng hết bên trong búp, chỉ để lại lá bắc, trường hợp nghiêm trọng có thể ăn hết búp dâu của cả cây khiến cây dâu không thể nảy mầm. Sau khi cây dâu ra lá thì gây hại cho lá, cắn phiến lá tạo thành những vết khía lõm lớn trên rìa lá.

Biện pháp phòng trừ: ① Bắt ấu trùng vào đầu mùa xuân. ② Phòng trừ bằng thuốc. Vào đầu xuân trước khi lộc đông còn xanh, chưa nhú và sau khi đốn cành, phun dung dịch pha 1000 lần Dichlorvos EC 80%. Trước khi đốn cây vụ hè hoặc sau khi kết thúc vụ tằm thu, có thể phun thuốc trừ sâu có thời gian tác dụng kéo dài lâu hơn nhằm làm giảm số lượng ấu trùng.

(IV) Sâu róm dâu tằm/ sâu róm trắng bụng đuôi vàng

Sâu róm trắng bụng đuôi vàng là sâu hại thuộc họ ngài độc (Lymantridaca) bộ cánh vảy (Lepidoptera). Các vùng nuôi tằm đều có phân bố, thường hoành hành gây họa ở một số tỉnh (khu tự trị). Ấu trùng sâu róm có tập tính ăn tạp, ngoài việc gây hại cho cây dâu, chúng còn gây hại cho các loại cây ăn quả như cây đào, cây táo. Những sợi lông độc trên mình ấu trùng sâu róm dâu tằm có thể khiến tằm ngộ độc và mắc bệnh đốm đen, dẫn đến hình thành lớp kén mỏng. Những sợi lông độc khi chạm vào cơ thể người sẽ gây sưng đỏ và đau, hít phải một lượng lớn có thể bị ngộ độc.

**Ấu trùng sâu róm dâu tằm - "Sâu róm bánh ngô"**   **Sâu róm dâu tằm trưởng thành**

Biện pháp phòng trừ: ① Hái bỏ những lá có "sâu róm bánh ngô" bằng phương pháp thủ công, hái 2~3 lần liên tiếp khi ấu trùng tập trung gây hại trên một lá. ② Phòng trừ bằng thuốc. Sau khi vụ tằm thu kết thúc và sâu hại xuất hiện vào đầu và giữa tháng 4, có thể phun dung dịch pha 1000 lần Dichlorvos

EC 80% để phòng trừ.

( V ) Sâu cuốn lá dâu

Sâu cuốn lá dâu là sâu hại thuộc họ ngài đêm (Noctuidae) bộ cánh vảy (Lepidoptera). Các vùng nuôi tằm trên cả nước đều có xuất hiện. Ấu trùng non lấy thức ăn chỗ phân nhánh của gân lá ở mặt sau phiến lá, ấu trùng tuổi 3 nhả tơ tạo thành những chiếc lá cuốn lại hoặc làm hai lá chồng lên nhau và ở bên trong ăn thịt lá, để lại biểu bì trên, tạo thành lớp màng trong suốt màu vàng nâu.

**Tình trạng gây hại bởi sâu cuốn lá dâu**

Biện pháp phòng trừ: ① Phòng trừ bằng thuốc. Vào cuối tuổi 2 của ấu trùng, tức là trước khi chưa cuốn lá, phun dung dịch pha 1000 lần Dichlorvos EC 80%. ② Diệt sâu hại trú đông. Sau vụ tằm thu, phun thuốc trừ sâu có thời gian tác dụng kéo dài, phun đẫm vào các khe nứt, lỗ đục trên thân cây nơi sâu cuốn lá dâu hay ẩn náu. ③ Diệt ấu trùng thủ công. ④ Phải thống nhất thời gian tiến hành đốn dâu vụ hè đồng loạt, loại bỏ thức ăn chuyển tiếp cho ấu trùng sâu cuốn lá dâu.

( Ⅵ) Bọ trĩ dâu tằm (Pseudcden drothrips mori Niwa)

Bọ trĩ dâu tằm là loài sâu hại thuộc họ bọ trĩ thường (Thripidae) bộ cánh tơ (Thysanoptera). Chúng phân bố ở các vùng nuôi tằm trên cả nước. Cả con trưởng thành và con non (nhộng) đều chọc thủng mặt sau của lá hoặc lớp biểu bì của cuống lá để hút dịch bằng phần miệng hình cái giũa. Các bộ phận bị sâu hại có các vết rỗ nhỏ màu trắng trong suốt do mất đi diệp lục và không lâu sau chuyển sang màu nâu, các lá bị hại xơ cứng sớm do mất nước. Thời điểm nhiệt độ cao và khô hạn vào mùa hè và mùa thu, mật độ côn trùng cao, có thể khiến những phiến lá ở phần giữa và trên cành của toàn bộ vườn dâu chuyển sang màu nâu gỉ, chất lượng lá giảm sút, hiệu quả nuôi tằm rất kém.

**Tình trạng gây hại bởi bọ trĩ dâu tằm**

Biện pháp phòng trừ: Xác định thời gian phòng trừ căn cứ vào mật độ côn trùng và điều kiện thời tiết, phun thuốc kịp thời. Các thuốc thường dùng như dung dịch pha 1000 lần Dimethoate EC 40%, dung dịch pha 1000~1500 lần Phoxim EC 50% hoặc dung dịch 1000 lần Dichlorvos EC 80%. Bọ trĩ dâu tằm phát sinh nhanh, số lứa nhiều và các lứa liên tiếp nhân lên, do vậy quan trọng là phải làm tốt việc dự báo và nắm bắt được thời cơ thích hợp.

( VII ) Bọ phấn trắng dâu tằm

Bọ phấn trắng dâu tằm là loài sâu hại thuộc họ bọ phấn (Aleyrodidae) bộ cánh đều (Homoptera), phân bố tương đối rộng. Ấu trùng hút dịch lá phần giữa, lá bị hại xuất hiện rất nhiều đốm chấm đen và dần khô héo. Ấu trùng tiết dịch mật nhỏ giọt trên các lá phía dưới, thường gây ra bệnh bồ hóng, dẫn đến

**Bọ phấn trắng dâu tằm trưởng thành**

cây dâu con và cành, ngọn, cây dâu bị hại không còn lá khỏe. Mùa hè và mùa thu thường hoành hành gây họa, đặc biệt nghiêm trọng với những vườn dâu và vườn ươm trồng dày, ảnh hưởng đến sự sinh trưởng của cây dâu cũng như việc nuôi tằm vào mùa hè và mùa thu.

Biện pháp phòng trừ: ① Loại bỏ lá rụng vào mùa đông, tiêu diệt trứng côn trùng trú đông. ② Vào thượng tuần tháng 8, loại bỏ 1~5 lá ở ngọn trong thời kỳ cao điểm sinh sản của bọ phấn trắng dâu tằm có thể tiêu diệt một số lượng lớn trứng và ấu trùng. ③ Phòng trừ bằng thuốc. Phun dung dịch pha 1000 lần Dichlorvos EC 80% vào giai đoạn bọ trưởng thành.

(Ⅷ) Rệp sáp dâu (Pseudaulacaspis pentagona)

Con trưởng thành và con non (nhộng) của rệp sáp dâu chích hút gây hại tại phần chồi non của cây dâu, bộ phận bị hại sưng lên và biến dạng. Chồi và lá cuộn vào trong co thành dạng xơ, cản trở sự sinh trưởng của cây dâu và làm giảm sản lượng.

Biện pháp phòng trừ: ① Cắt bỏ và đốt hủy những búp dâu đã bị sâu hại. ② Phun diệt bằng dung dịch pha 1000 lần Dimethoate EC 40%. ③ Bảo vệ các loài bọ chuyên ăn rệp sáp dâu, như bọ rùa Úc, bọ rùa đỏ, v.v…

## III. Thuốc chuyên dùng cho vườn dâu và kỹ thuật sử dụng

( Ⅰ ) Thuốc chuyên dùng cho vườn dâu

Thuốc chuyên dùng cho vườn dâu được phổ biến ứng dụng trong sản xuất bao gồm các loại sau.

(1) Nhũ tương đặc trong EC Sangbao 33%, đối tượng phòng trừ là bọ trĩ, bọ phấn trắng dâu tằm, nhện đỏ, muỗi năn hại dâu, rầy, v.v…, nồng độ sử dụng 1000~1500 lần, thời gian hiệu quả kéo dài 10~15 ngày.

(2) Nhũ tương đậm đặc EC Sangbao 40% (Sangbao), đối tượng phòng trừ là sâu đo hại dâu tằm, sâu cuốn lá dâu, sâu róm dâu tằm, bọ trĩ dâu tằm, bọ phấn trắng dâu tằm, sâu ăn lá, sâu dâu, v.v…, nồng độ sử dụng 1000~1500 lần, thời gian hiệu quả kéo dài 7 ngày.

(3) Naled (C4H7Br2Cl2O4P) EC 50% (Sangchongjing), đối tượng phòng

trừ là sâu đo hại dâu tằm, sâu cuốn lá dâu, sâu róm dâu tằm, bọ trĩ dâu tằm, bọ phấn trắng dâu tằm, sâu ăn lá, sâu dâu, v.v..., nồng độ sử dụng 1000~1500 lần, thời gian hiệu quả kéo dài 3~5 ngày.

(4) Nhũ tương đậm đặc EC Dimie 24% (Sangchongjing), đối tượng phòng trừ là sâu đo hại dâu tằm, sâu cuốn lá dâu, sâu róm dâu tằm, bọ trĩ dâu tằm, sâu ăn tạp (Spodoptera litura fabricius), v.v..., nồng độ sử dụng 1500~2000 lần, thời gian hiệu quả kéo dài 10~12 ngày.

(5) Chlorpyrifos EC 40% (Lesang), đối tượng phòng trừ là sâu đo hại dâu tằm, sâu cuốn lá dâu, sâu róm dâu tằm, sâu dâu v.v..., nồng độ sử dụng 1500~3000 lần, thời gian hiệu quả kéo dài 12~15 ngày.

(6) Propargite 73% (Manting), đối tượng phòng trừ là loài sán hạt hồng, nồng độ sử dụng 3000~4000 lần, thời gian hiệu quả kéo dài 7~9 ngày.

( II ) Kỹ thuật sử dụng thuốc chuyên dùng cho vườn dâu

Việc dùng thuốc để phòng trừ sâu bệnh hại trong vườn dâu phải được sử dụng hợp lý mới thực sự phát huy được tác dụng của thuốc. Ngoài việc chú ý kê đúng loại thuốc, dùng thuốc đúng lúc, đúng liều lượng với nồng độ chuẩn xác, còn phải chú ý đến việc sử dụng luân phiên, sử dụng hỗn hợp các loại thuốc, tránh việc sử dụng cùng một loại thuốc trên cùng một vườn dâu trong thời gian dài để phòng trừ một loài sâu bệnh hại, nhằm ngăn ngừa sâu bệnh sản sinh tính kháng thuốc. Khi phun thuốc cần chú ý những điều sau đây.

(1) Việc phun thuốc nên được thực hiện vào buổi sáng, chiều tối với những ngày trời quang hoặc những ngày trời, tránh thực hiện vào ngày mưa, nắng gắt, nhiệt độ cao hoặc gió quá mạnh.

(2) Dùng bình phun sương để phun, phun thuốc phải phun đều và với lượng phù hợp, đảm bảo hiệu quả phòng trừ và nuôi tằm an toàn.

(3) Khi phun thuốc cần phun trọng điểm căn cứ theo đặc tính gây hại của từng loài sâu hại, ví dụ phòng trừ sâu cuốn lá dâu thì tập trung phun các chồi ngọn, phòng trừ bọ trĩ hại dâu thì tập trung phun khi phun mặt sau của lá.

(4) Phun thuốc phải căn cứ vào đặc điểm phát sinh, sinh sản của các loại

sâu bệnh, ví dụ với một số loài sâu lớn (sâu đo hại dâu tằm, sâu róm dâu tằm, sâu cuốn lá dâu...) thì phun thuốc vào giai đoạn còn non, hiệu quả phòng trừ sẽ tốt hơn.

(5) Nắm bắt tốt liều lượng thuốc sử dụng, thông thường, mỗi mẫu vườn dâu phun 60~75 kg dung dịch thuốc pha loãng, phun ướt toàn bộ lá dâu.

( III ) Các loại thuốc thường dùng cho vườn dâu

## DANH SÁCH THUỐC THƯỜNG DÙNG CHO VƯỜN DÂU

| Tên thuốc | Đối tượng phòng trừ | Nồng độ sử dụng | Thời gian tồn lưu | Ghi chú |
|---|---|---|---|---|
| Dichlorvos EC 80% | Sâu đo hại dâu tằm, sâu róm dâu tằm, bướm tằm hoang, sâu cuốn lá dâu, đỉa dâu, sâu ăn tạp, sâu ăn lá, bọ rầy, bọ trĩ dâu tằm, rầy, muỗi năn hại dâu, v.v... | 1000 lần | 3~5 ngày | — |
| | Xén tóc dâu (Apriona germari) | 30~50 lần | 3~5 ngày | Dùng sau khi đốn cây vụ hè, lấy bông gòn nhúng vào thuốc, nhét vào lỗ bài tiết dưới cùng và dùng bùn đất bịt kín lại. |
| Phoxim EC 50% | Sâu đo hại dâu tằm, sâu róm dâu tằm, bướm tằm hoang, sâu cuốn lá dâu, đỉa dâu, bướm đêm, sâu ăn tạp, bọ trĩ dâu tằm, bọ xanh Apolygus lucorum | 1500 lần | 3 ngày | Thuốc này rất nhạy cảm với ánh sáng, nên phun rắc vào những ngày âm u và lúc sáng, tối |

| Tên thuốc | Đối tượng phòng trừ | Nồng độ sử dụng | Thời gian tồn lưu | Ghi chú |
|---|---|---|---|---|
| Dimethoate EC 40% | Bọ trĩ dâu tằm, rầy hại dâu, nhện đỏ, bọ phấn trắng dâu tằm, rận dâu tằm muỗi năn hại dâu | 1000 lần | 3~5 ngày | — |
| Isofenphos-methyl 40% | Muỗi năn hại dâu | 200~300 lần, hoặc trộn cát mịn | Không rõ | Sau khi đốn cây vụ hè thì phun (rắc) lên mặt đất vườn dâu, xới xáo để thuốc thấm vào đất |
| Bột thấm ướt Kemante 73% | Nhện đỏ hại dâu, nhện đỏ (Tetranychus cinnabarinus Boisd) | 3000 lần | 7~10 ngày | — |
| Fenvalerate EC 20% | Bướm tằm hoang, sâu đo hại dâu tằm, sâu róm dâu tằm, sâu cuốn lá dâu, bướm đêm. v.v... | 8000~10000 lần | Trên 90 ngày | Sử dụng trước khi kết thúc vụ tằm thu đến cuối tháng 11 |
| Phenamiphos | Bệnh tuyến trùng u sưng rễ trên cây dâu | 8kg/mẫu | 40 ngày | Trộn cát mịn để rắc bón |
| Thiophanate-methyl 70% | Bệnh phấn trắng trên dâu tằm, bệnh thán thư trên dâu tằm, bệnh thối hạch do nấm Sclerotinia, bệnh Sclerotinia sclerotiorum hạch nấm, v.v... | 1000~1500 lần | — | — |

| Tên thuốc | Đối tượng phòng trừ | Nồng độ sử dụng | Thời gian tồn lưu | Ghi chú |
|---|---|---|---|---|
| Carbendazim 50% | Bệnh đốm nâu trên dâu tằm, bệnh lở cổ rễ dâu tằm, bệnh héo rũ gốc mốc trắng trên dâu tằm | 1000~1500 lần | — | — |
| Oxytetracycline | Bệnh cháy lá dâu | 300~500 đơn vị | — | — |
| Streptomycin | Bệnh cháy lá dâu | 100 đơn vị | — | — |
| Triadimefon 25% | Bệnh gỉ sắt trên dâu tằm | 1000 lần | 6 ngày | — |
| Carboxin Standard 20% | Bệnh gỉ sắt trên dâu tằm | 300 lần | 6 ngày | — |

# CHƯƠNG III   KỸ THUẬT NUÔI TẰM

## I. Vòng đời của tằm

Tằm dâu (hay tằm nuôi) thuộc loại côn trùng biến đổi hoàn toàn. Một vòng đời của chúng trải qua bốn giai đoạn phát triển khác nhau gồm trứng, ấu trùng (tằm), nhộng và tằm trưởng thành (bướm tằm ngài).

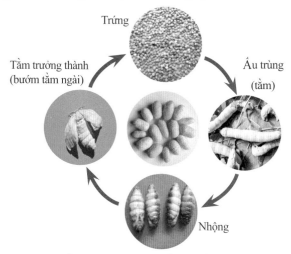

Trứng

Tằm trưởng thành
(bướm tằm ngài)

Ấu trùng
(tằm)

Nhộng

**Bốn giai đoạn phát triển của tằm dâu**

Thông thường, tằm cần trải qua 4 miên (trạng thái ngủ đông) 5 tuổi, tằm tuổi 1~3 gọi là tằm con (tằm nhỏ) hoặc tằm non, tằm tuổi 4~5 gọi là tằm lớn. Từ lúc băng tằm tới khi tằm trưởng thành là toàn bộ các giai đoạn tuổi. Các kỳ tuổi ở tằm lưỡng hệ thường kéo dài từ 20~26 ngày. Đôi khi cũng có số ít các giống tằm xảy ra hiện tượng tằm trưởng thành tạo kén ở thời điểm 3 miên 4 tuổi hoặc 5 miên 6 tuổi.

Đến thời kỳ cuối của tuổi 5, mình tằm có màu vàng sáp nửa trong suốt và bắt đầu nhả tơ, tằm lúc này gọi là tằm trưởng thành. Tằm trưởng thành có thể lên né để nhả tơ tạo kén.

## II. Công tác chuẩn bị trước khi nuôi tằm

Trước khi triển khai việc nuôi tằm, cần căn cứ vào diện tích của vườn dâu, tình hình phát triển của cây dâu và sản lượng lá dâu... để dự tính số lượng tằm, đồng thời dựa trên số lượng tằm dự tính để chuẩn bị phòng nuôi tằm, dụng cụ nuôi và thuốc tiêu độc.

( I ) Lập kế hoạch nuôi tằm

Mục đích của việc lập kế hoạch nuôi tằm là tận dụng tối đa số lượng lá dâu để nuôi lượng tằm tương ứng, chuẩn bị bao nhiêu phòng nuôi tằm, dụng cụ nuôi, thuốc tiêu độc khử trùng cũng như tính toán thời điểm bắt đầu nuôi, cả năm nuôi bao nhiêu lứa..., tất cả đều cần trù tính rõ ràng. Lập kế hoạch còn căn cứ vào điều kiện khí hậu địa phương, diện tích vườn dâu, giống cây dâu và tình hình phát triển, hình thức cắt lá...

Thông thường, nuôi một bìa trứng tằm (10g kiến, phía dưới tương tự) cần từ 450~500kg lá dâu.

Ở khu vực phía Nam tỉnh Quảng Tây, thời gian nuôi tằm thường bắt đầu từ thượng - trung tuần tháng 3, cả năm nuôi từ 6~7 lứa. Khu vực phía bắc tỉnh Quảng Tây thường bắt đầu nuôi từ hạ tuần tháng 3 hoặc thượng tuần tháng 4, cả năm nuôi từ 5~6 lứa; số lượng nuôi ở nửa đầu năm (trước khi đốn cây vụ hè) chiếm khoảng 60%, lượng nuôi nửa cuối năm chiếm khoảng 40% số lượng tằm.

**Bảng bố trí tham khảo lứa tằm nuôi cả năm khu vực phía Nam tỉnh Quảng Tây**

| Lứa nuôi | Xuất kho giống tằm | Thời gian băng tằm | Thời gian tằm chín | Thời gian thu kén |
|----------|--------------------|--------------------|--------------------|-------------------|
| Lứa 1 | 10/03 | 20/03 | 10/04 | 15/04 |
| Lứa 2 | 10/04 | 20/04 | 10/05 | 15/05 |
| Lứa 3 | 10/05 | 20/05 | 10/06 | 15/06 |
| Lứa 4 | 10/06 | 20/06 | 10/07 | 15/07 |
| Lứa 5 | 10/08 | 20/08 | 10/09 | 15/09 |
| Lứa 6 | 10/09 | 20/09 | 10/10 | 15/10 |
| Lứa 7 | 10/10 | 20/10 | 10/11 | 15/11 |

**Bảng bố trí tham khảo lứa tằm nuôi cả năm khu vực phía Bắc tỉnh Quảng Tây**

| Lứa nuôi | Xuất kho giống tằm | Thời gian băng tằm | Thời gian tằm chín | Thời gian thu kén |
|---|---|---|---|---|
| Lứa 1 | 25/03 | 05/04 | 25/04 | 30/04 |
| Lứa 2 | 25/04 | 05/05 | 25/05 | 30/05 |
| Lứa 3 | 25/05 | 05/06 | 25/06 | 30/06 |
| Lứa 4 | 01/08 | 10/08 | 30/08 | 05/09 |
| Lứa 5 | 30/08 | 10/09 | 30/09 | 05/10 |
| Lứa 6 | 30/09 | 10/10 | 30/10 | 05/11 |

( II ) Chuẩn bị phòng nuôi tằm và dụng cụ nuôi

1. Phòng nuôi tằm

Để nuôi một bìa trứng tằm, phòng nuôi tằm con cần rộng 3 m², phòng nuôi tằm lớn nếu nuôi trên nền nhà cần rộng 30 m², nuôi bằng nong cần rộng 15~20 m²; phòng trữ lá chuyên dụng cần diện tích 6m²; nếu có điều kiện, tốt nhất nên bố trí phòng lên né chuyên dụng tương thích.

Về nguyên tắc bố trí phòng nuôi tằm: Thứ nhất, phòng nuôi tằm con cố gắng đặt cách xa phòng nuôi tằm lớn và phòng lên né ; thứ hai, cần thuận tiện cho việc nuôi riêng tằm lớn và tằm con; thứ ba, hố phân tằm cần xây ở vị trí cách phòng nuôi tằm tương đối xa, không được nằm phía trên phòng nuôi tằm, cũng không được đặt ở bên đường và cạnh vườn dâu.

Phòng nuôi tằm có hướng Nam Bắc, phải xây ở nơi cao ráo, ánh sáng tốt, thông gió, môi trường xung quanh sạch sẽ, trong phòng có thể giữ ấm và cách nhiệt, có lợi cho việc điều tiết vi khí hậu. Bên cạnh đó, phòng nuôi tằm phải thuận lợi cho việc tiến hành tiêu độc phòng bệnh và các thao tác khi nuôi. Phòng trữ lá phải râm mát, giữ ẩm tốt, thông gió thoáng khí, thuận tiện cho việc tiêu độc. Ánh sáng trong phòng lên né cần dịu nhẹ, phòng khô thoáng, không khí lưu thông tốt, có lợi cho việc loại bỏ hơi ẩm.

2. Dụng cụ nuôi tằm

Bao gồm nhiệt kế, nong tằm, màng nilon, lưới tằm, né ô vuông, đũa tằm, (chổi) lông gà, dao thái dâu, vải đen...

## Các dụng cụ cần thiết để nuôi một bìa giống tằm

| Tên gọi | Đơn vị | Số lượng | Ghi chú | Tên gọi | Đơn vị | Số lượng |
|---|---|---|---|---|---|---|
| Lưới nhỏ | Tấm | 14 | 80cm×100cm/ tấm | Sọt hái lá | Cái | 2 |
| Lưới lớn | Tấm | 60 | 80cm×100cm/ tấm | Sọt phân tằm | Cái | 1 |
| Đũi (giàn để nong tằm) | Bộ | 1 | | Nhiệt kế | Cái | 1 |
| Nong | Cái | 40 | 80cm×110cm/ cái | Màng nilon đục lỗ | Tấm | 8 |
| Sào tre/trúc | Thanh | 16 | 6m/thanh | Màng nilon | Kg | 1,5 |
| Đũi để dâu | Bộ | 1 | | Cân | Cái | 1 |
| Đũa tằm | Dôi | 1 | | Bình xịt | Cái | 1 |
| Né ô vuông | Cái | 160-200 | 156 ô/cái | Ki tròn dùng cho dâu | Cái | 1 |
| Vại vôi | Chiếc | 1 | Dùng để vôi sống | Giấy lót nia | Tờ | 5 |
| Nồi thép | Cái | 1 | Dùng để tăng nhiệt độ và độ ẩm | Dao thái dâu | Con | 1 |
| Vải đen | M | 1 | Dùng để thúc trứng tằm nở sớm | Lông ngỗng | Cái | 2 |
| Thớt thái dâu | Chiếc | 1 | 80cm×200cm/ chiếc | | | |

**Nong tằm, đũi tằm**　　　　　**Né gỗ ô vuông**

**Sọt hái lá chuyên dụng cho tằm con**　**Sọt hái lá chuyên dụng cho tằm lớn**

3. Thuốc tằm

Các loại thuốc tằm cần thiết gồm thuốc phòng bệnh số 1 cho tằm con [0,5 kg/tấm (bìa tằm)], thuốc phòng bệnh số 1 cho tằm lớn (1kg/tấm), Tằm Phục Khang số 1 (10 cây/tấm), vôi bột tươi (~10 kg/tấm), bột tẩy trắng (~2kg/tấm) hoặc chất khử trùng (4 bao/tấm).

( Ⅲ ) Xây dựng chế độ phòng bệnh

Các đơn vị hoặc hộ nuôi tằm chỉ khi xây dựng được chế độ phòng bệnh thường xuyên và kiên trì thực hiện mới có thể làm tốt công tác phòng trị bệnh cho tằm. Việc xây dựng chế độ phòng bệnh bao gồm: không nuôi tằm lớn và tằm con trong cùng một phòng; không lên né trong phòng nuôi tằm con và phòng trữ dâu; không được chuyển dụng cụ nuôi tằm chưa tiêu độc vào sử dụng trong phòng nuôi tằm và phòng trữ dâu; dụng cụ để phân tằm không được dùng để lá dâu; không để bừa bãi các dụng cụ xử lý tằm bệnh, phân tằm, né cũ mà phải xử lý tập trung; phải rửa tay trước khi hái lá, cho tằm ăn và sau khi thay phân, phải đi giày dép riêng khi vào các phòng nuôi tằm, phòng trữ dâu, phòng lên né, ngăn chặn việc đưa vi khuẩn gây bệnh vào phòng nuôi tằm; kịp thời phân lứa, tách tằm ngủ muộn, loại bỏ tằm bệnh, cách ly tằm nhỏ yếu, ngăn chặn lây nhiễm trong nia tằm; kiên trì tiến hành tiêu độc trong độ tuổi, kịp thời phơi nắng tiêu độc lưới tằm và màng nilon thay ra, mỗi ngày một lần kiên trì dùng dung dịch bột tẩy trắng tiêu độc nền nhà phòng trữ dâu; kịp thời tiến hành tiêu độc mình tằm, nia tằm, nhất là tiêu độc với tằm và nia trong thời kỳ tằm dễ nhiễm bệnh (tằm thức và tằm sắp ngủ).

(IV) Công tác vệ sinh, tiêu độc trước khi nuôi tằm

Trước khi nuôi tằm bắt buộc phải làm tốt công tác vệ sinh, tiêu độc phòng nuôi tằm và dụng cụ nuôi tằm. Phạm vi tiêu độc bao gồm phòng nuôi tằm, phòng nuôi phụ, môi trường xung quanh và tất cả các dụng cụ nuôi tằm. Trước khi tiêu độc, cần kiểm kê, dọn dẹp phòng nuôi tằm, phòng nuôi phụ, môi trường xung quanh và tất cả các dụng cụ nuôi tằm, sau đó mới tiến hành tiêu độc, cọ rửa, rồi tiếp tục tiêu độc lần hai, gọi chung là "hai tiêu, một rửa".

1. Vệ sinh

Việc vệ sinh, tiêu độc trước khi nuôi tằm có thể chia thành 5 bước "quét, rửa, phơi, lấp, tiêu". *Quét* là dọn dẹp và loại bỏ các vật bẩn, bụi bặm, rác thải bên trong và xung quanh phòng nuôi tằm. *Rửa* là dùng nước sạch cọ rửa các vách tường, sàn nhà và tất cả các dụng cụ nuôi tằm ở trong và ngoài phòng nuôi tằm, cần xối rửa sạch sẽ, khi rửa chú ý xối nước từ trên xuống dưới, từ trong ra ngoài. Những vị trí không thể xối rửa thì dùng vôi đặc để kỳ cọ. Với những dụng cụ nuôi có thể di dời thì mang đặt bên dưới dòng nước đang chảy và không bị nhiễm bẩn để rửa sạch là được. *Phơi* là đem các dụng cụ nuôi tằm đã được cọ rửa sạch sẽ phơi dưới ánh nắng mặt trời trên 8 giờ. *Lấp* là dùng gạch và vữa bịt các lỗ tường, vỉa tường, lỗ chuột và tổ kiến. *Tiêu* là dùng thuốc để tiêu độc, tiêu diệt vi khuẩn gây bệnh.

2. Tiêu độc

Các phương pháp dùng thuốc để tiêu độc phòng nuôi tằm và dụng cụ nuôi thường dùng gồm có:

( 1 ) Dùng dung dịch khử trùng hoặc dung dịch tẩy trắng chứa 1% Clorua hoặc dung dịch khử trùng Clorua mạnh để phun tiêu độc, mỗi mét vuông dùng 0,25 kg dung dịch thuốc. Yêu cầu nhiệt độ trên 18 ℃ và duy trì độ ẩm trong 30 phút. Lưới tằm, dụng cụ né, màng và nong tằm bằng nhựa cũng có thể dùng phương pháp ngâm trong các dung dịch thuốc nêu trên để tiêu độc.

( 2 ) Dùng dung dịch Formalin vôi đặc để tiêu độc, cách làm như sau: dùng 0,5 kg Formalin, 8,5 kg nước, 0,045 kg vôi bột sống trộn thành hỗn hợp dung dịch, mỗi mét vuông phun khoảng 0,25 kg dung dịch thuốc. Chú ý sau khi tiêu độc phải tăng nhiệt độ lên trên 24 ℃, duy trì trong 5 giờ; ủ kín trong 1 ngày, sau đó mở cửa ra vào và cửa sổ cho thông gió khô ráo, tránh để các dụng cụ nuôi bị ẩm mốc.

( 3 ) Những dụng cụ nhỏ hoặc không chống ăn mòn như lưới tằm, đũa tằm, dao thái lá... có thể dùng phương pháp đun sôi để tiêu độc, sau khi đun 30 phút trong nước sôi 100 ℃ thì phơi khô để sử dụng. Công tác vệ sinh, tiêu độc trước khi nuôi tằm cần hoàn thành từ 2~3 ngày trước khi nuôi.

### III. Lựa chọn giống tằm

Các khu vực nuôi tằm chủ yếu ở nước ta đều có bộ phận chọn lựa giống nuôi riêng và dựa vào các đặc điểm về khí hậu, môi trường địa phương để lựa chọn giống tằm. Do vậy, khi lựa chọn giống nuôi, về nguyên tắc cần chọn những loại giống tằm mà bộ phận nhân giống địa phương đã gây giống, như vậy tằm khi nuôi mới có thể thích nghi với môi trường khí hậu địa phương, có tỷ lệ sống cao, lượng kén cao và đạt hiệu quả tốt. Hiện nay, giống tằm được phát triển với diện tích lớn ở Quảng Tây là Lưỡng Quảng số 2, Quế tằm số 1 và Quế tằm số 2.

Vào vụ xuân thu, khi nhiệt độ không khí tương đối thấp, nên lựa chọn Quế tằm số 1 hoặc Quế tằm số 2 để chăn nuôi. Vào vụ hè thu, khi nhiệt độ tương đối cao, nên lựa chọn Lưỡng Quảng số 2 có khả năng chịu nhiệt độ cao tương đối tốt để chăn nuôi. Nếu nuôi tằm ở nơi có nhiều các xí nghiệp khai khoáng và nhà máy gạch, gây ô nhiễm môi trường khá nghiêm trọng, thì cần chọn nuôi những giống tằm kháng florua như giống Kháng florua số 1 (Quế tằm F95).... để chăn nuôi.

## IV. Kích thích trứng tằm xanh nở sớm

Kích thích trứng tằm xanh nở sớm là bảo vệ giống tằm trong môi trường lý tưởng nhất, giúp phôi bên trong trứng tằm có thể phát triển thuận lợi. Đây là một khâu quan trọng trong việc nuôi tằm cho năng suất cao.

 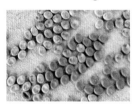 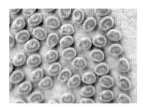

Trứng tằm vừa xuất kho    Chấm trứng xanh sau    Trứng chuyển xanh sau
                               khi kích thích nở    khi được kích thích

( I ) Điều chỉnh nhiệt độ, độ ẩm và đổi gió

Đặt trứng tằm nhận về sau khi xuất kho trong phòng tằm đã được tiêu độc đầy đủ, trải bằng phẳng, đều tay từng bìa tằm vào nong tằm sao cho mặt trứng hướng lên trên, cung cấp nhiệt độ thích hợp (24 ℃ trong 4 ngày đầu, sau đó là 26~28 ℃), duy trì độ ẩm (85%~90%) và kiểm soát ánh sáng, thúc đẩy trứng tằm nở đồng đều.

( II ) Điều chỉnh cảm quang và bọc giống

(1) Điều chỉnh cảm quang. Với trứng tằm sau khi xuất kho, từ ngày thứ nhất đến ngày thứ tư, dùng ánh sáng tự nhiên để cảm quang. Từ ngày thứ năm trở đi, ngoài cảm quang bằng ánh sáng tự nhiên, mỗi ngày tăng thêm 6 tiếng cảm quang nhân tạo. Phôi trong trứng tằm khi phát triển đến thời kỳ sau có thể thấy chấm xanh nhỏ ở một đầu của trứng, gọi là chấm xanh, qua 24 giờ tiếp theo sẽ lớn

thành trứng xanh, ngày thứ hai sau khi chuyển xanh trứng có thể nở ra tằm kiến.

**Điều chỉnh cảm quang trứng tằm**

(2) Bọc giống. Vào tối cùng ngày, trải bằng phẳng và đều tay từng bìa chấm xanh vào nong tằm sao cho mặt trứng giống hướng lên trên, sau đó tiếp tục dùng một nong tằm khác úp ngược lại và đậy bằng vải đen. Đến ngày thứ 3, trước bình minh (5 giờ), nhấc nong tằm và tấm vải đen phủ bên trên ra, dùng giấy trắng bọc kín giống tằm, để mặt trứng hướng lên trên. Bật đèn cảm quang, từ 8~9 giờ sau khi trứng bắt đầu nở có thể băng tằm.

| **Nong tằm đậy lên mặt trứng giống tằm** | **Dùng giấy trắng bọc kín giống tằm** | **Bật đèn cảm quang để ấp** |

(Ⅲ) Những điều cần lưu ý

(1) Trong quá trình thúc trứng tằm xanh nở sớm, cần chú ý để phòng các hóa chất độc hại như thuốc lá, dầu hỏa, gas, thuốc trừ sâu, formalin... xâm nhập

vào trong phòng thúc trứng, đồng thời cần lưu ý để phòng các loại côn trùng gây hại như chuột, kiến, gián...

(2) Tiêu chuẩn và phương pháp thúc trứng tằm xanh nở sớm của giống tằm trứng rời tương tự như với giống tằm trứng bìa, song cần chú ý lắc rung đúng giờ. Trứng tằm sau khi có chấm xanh, lập tức đổ nhẹ trứng lên nia tằm đã được tiêu độc, đồng thời dùng lông ngỗng san đều trứng thành một tầng để thuận tiện cho việc cảm quang ấp nở.

## V. Băng tằm

Băng tằm là tập trung tằm kiến đã nở ra lên giấy lót nia để tiến hành chăn nuôi.

( I ) Chuẩn bị trước khi băng tằm

Chuẩn bị đầy đủ các dụng cụ băng tằm như đũa tằm, (chổi) lông ngỗng , giấy lót nia... Vào buổi tối một ngày trước khi băng tằm, dùng giấy bọc kín từng bìa tằm chuẩn bị nở trứng, trải đều ra sao cho mặt trứng hướng lên trên. Nếu trong khi bọc phát hiện thấy kiến miêu (tằm kiến nhỏ nở ra từ trứng nhỏ và nhẹ), cần phải dọn sạch và loại bỏ toàn bộ.

Vào ngày băng tằm, tiến hành hái lá dâu dùng để băng tằm vào buổi sáng sau khi sương sớm tan đi. Lúc này cần hái những lá non vừa chín từ phiến thứ hai đến phiến thứ ba từ trên xuống tính từ phần ngọn, lá có màu xanh vàng nhạt, mềm và bóng. Sau khi hái xuống, thái lá thành các đoạn nhỏ 0,2cm để dùng dần.

( II ) Thời gian băng tằm

Băng tằm đúng thời điểm là một bước quan trọng để hoàn thành tốt công đoạn này. Vào mùa xuân, thời gian băng tằm nên tiến hành trước 9 giờ sáng, mùa hè và mùa thu băng tằm nên tiến hành trước 8 giờ sáng.

( III ) Phương pháp băng tằm

1. Phương pháp băng tằm với băng trứng bìa

(1) Phương pháp dùng lá dâu.

Phương pháp dùng lá dâu được thao tác theo các bước như 5 hình dưới đây.

| | |
|---|---|
| **Trải đều một lớp lá dâu đã cắt nhỏ trên mặt giấy trắng bọc giống tằm** | **10 phút sau, bỏ lá dâu đi và mở giấy ra** |

**Trải lá dâu dùng để băng tằm lên những vị trí có kiến tằm**     **Mở giấy bọc giống tằm**     **San đều, thêm dâu**

(2) Phương pháp gõ rơi.

Phương pháp gõ rơi được thao tác như 6 hình dưới đây.

| | |
|---|---|
| **Mở giấy bọc giống tằm ra** | **Dùng ngón tay búng nhẹ để tằm kiến rơi xuống trên giấy lót nia** |

Tập trung tằm kiến lại

Cân trọng lượng

Rải đều lá dâu đã cắt nhỏ

San đều, thêm dâu

2. Phương pháp băng tằm với băng trứng rời

(1) Phương pháp băng lưới. Đổ trứng tằm đã chuyển xanh lên giấy lót nia, san đều thành một lớp mỏng và không san quá rộng, chiều dài rộng phải nhỏ hơn một chút so với lưới tằm, sau đó dùng tro trấu quây đều xung quanh. Sau khi duy trì cảm quang để tằm kiến nở trứng, đậy hai tấm lưới tằm con lên trên tằm kiến, kế đó rải đều lá dâu đã thái nhỏ, chờ tằm kiến bò lên lá dâu thì chuyển tấm lưới phía trên sang một nong khác, sau đó tiến hành san nong, thêm dâu là được.

(2) Phương pháp dùng khăn giấy thu hút tằm kiến. Các bước trải trứng, dùng cảm quang giống như phương pháp dùng lưới. Sau khi tằm kiến nở trứng, dùng khăn giấy đậy lên trên tằm kiến, sau đó rắc đều lá dâu đã thái nhỏ lên mặt giấy. Khoảng 30 phút sau, tằm kiến bị thu hút bởi hương vị của lá dâu sẽ bám lên trên giấy, lúc này nhấc giấy lên, đổ lá dâu đi, hướng mặt giấy có tằm kiến lên

trên, chuyển sang một nong khác,sau đó cho ăn, san đều và thêm dâu là được.

3. Những điều cần lưu ý

Bất kể áp dụng phương pháp băng tằm nào cũng đều cần phải thao tác nhẹ tay, không làm tổn hại đến tằm kiến và trứng tằm chưa nở. Khi trứng tằm nở không đều, cần chia ngày để băng tằm và nuôi theo lứa, không được nuôi chung.

(IV) Tiêu độc mình tằm

Trước khi cho tằm ăn lần hai, rắc một lớp thuốc phòng bệnh số 1 cho tằm con để tiến độc mình tằm. Sau khi tiêu độc 10 phút mới cho tằm ăn lá.

**Tiêu độc mình tằm**          **Cho tằm ăn sau khi tiêu độc**

## VI. Kỹ thuật nuôi tằm con

( I ) Quy trình nuôi tằm con

Lấy việc nuôi tằm áp dụng trên giống Lưỡng Quảng số 2 trong điều kiện nhiệt độ từ 26~28 ℃ và chênh lệch độ ẩm - độ khô từ 1~2℃ làm ví dụ để giới thiệu về quy trình nuôi tằm con.

1.Quy trình nuôi tằm tuổi 1

Thời gian nuôi tằm tuổi 1 là 3 ngày 6 giờ. Ở ngày thứ nhất, 8 giờ sáng thực hiện băng tằm, sau đó san nong, san tằm và bổ sung lá. Trước khi cho tằm ăn dâu lần hai, dùng thuốc phòng bệnh số 1 cho tằm con để tiến hành tiêu độc mình tằm. Vào 6 giờ ngày thứ ba, trước khi cho tằm ăn, rải một lớp mỏng vôi bột sống lên mình tằm, sau đó thêm lưới chống ngủ. Tới 10 giờ cùng ngày, trước khi cho tằm ăn dâu, tiến hành thay phân trước khi tằm ngủ. Khi tằm bước vào thời kỳ ướm ngủ, lúc này cần giảm lượng dâu cho phù hợp, khoảng 19 giờ sau khi tằm cơ bản đã ngủ yên, rắc lớp mỏng vôi bột sống để hãm dâu.

**Thêm lưới ngủ với tằm tuổi 1**    **Rắc vôi bột hãm dâu cho tằm tuổi 1 trong lúc ngủ**

2.Quy trình nuôi tằm tuổi 2

Thời gian nuôi tằm tuổi 2 là 2 ngày 20 giờ. Vào lúc 14 giờ, sau khi tiến hành cho tằm ăn bữa thứ nhất, tằm bước vào ngày đầu tiên của tuổi 2. Lúc này trước khi cho ăn, dùng thuốc phòng bệnh số 1 cho tằm con để tiêu độc mình tằm, sau đó thêm lưới chống thức, khoảng 5 phút sau cho tằm ăn dâu. Tới 20 giờ cùng ngày, trước khi cho tằm ăn, tiến hành nhắc lưới thay phân. Sang 20 giờ ngày thứ hai, trước khi cho ăn, rắc một lớp mỏng vôi bột sống cho tằm và thêm lưới chống ngủ. Vào lúc 8 giờ ngày thứ 3, tiến hành thay phân cho tằm trước khi ngủ, khoảng 11 giờ mình tằm căng thẳng phát sáng rồi bước vào thời kỳ ướm ngủ. Khoảng 14 giờ khi tằm ngủ yên giấc, rắc tiếp một lớp mỏng vôi bột sống cho tằm để hãm dâu.

**Thêm lưới ngủ ở tuổi 2**                    **Rắc vôi bột hãm dâu ở tuổi 2**

3.Quy trình nuôi tằm tuổi 3

Thời gian nuôi tằm tuổi 3 là 3 ngày 6 giờ. Vào lúc 10 giờ, sau khi cho ăn bữa thứ nhất, tằm sẽ bước vào ngày đầu tiên của tuổi 3. Trước khi cho tằm ăn, dùng thuốc phòng bệnh số 1 cho tằm con để tiêu độc mình tằm và thêm hai tấm lưới chống thức, khoảng 5 phút sau thì cho tằm ăn bữa đầu tiên. Vào 14 giờ trước khi cho tằm ăn, tiến hành đánh thức tằm và phân nong.

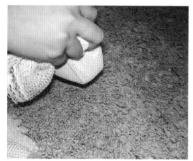 

**Phun thuốc phòng bệnh số 1 trước**           **Cho tằm tuổi 3 ăn bữa thứ nhất**
**khi cho tằm tuổi 3 ăn bữa thứ nhất**

Vào 20 giờ ngày thứ hai, trước khi cho ăn, phun một lớp mỏng vôi bột sống lên tằm rồi thêm lưới chống ngủ. Sang 8 giờ ngày thứ ba, tiến hành thay phân trước khi tằm ngủ, khoảng 11 giờ mình tằm căng thẳng phát sáng rồi bước vào thời kỳ ướm ngủ. Khoảng 14 giờ tằm ngủ sâu, lúc này phun tiếp một lớp mỏng vôi bột sống lên tằm để hãm dâu.

( II ) Phương pháp nuôi tằm con

Có rất nhiều phương pháp nuôi tằm con, thường thấy nhất là các phương pháp như đậy màng nilon, dựng màn nilon mỏng, xếp chồng khung tằm, nuôi thẳng đứng theo phiến lá, nuôi tằm con đồng loạt. Trong đó, thích hợp mở rộng ở các vùng nông thôn Quảng Tây là phương pháp đậy màng nilon và xếp chồng khung tằm.

1. Đậy màng nilon

Nuôi tằm bằng phương pháp đậy màng nilon là phương pháp chăn nuôi mà trước khi băng tằm, dùng một tấm màng nilon đệm bên dưới giấy lót của nong tằm, sau đó tiến hành băng tằm, cố định tằm và cho tằm ăn dâu ở phía trên. Sau khi cho tằm ăn, tiếp tục đậy lại bằng một tấm màng nilon khác, Bốn phía trên và dưới trùng hợp lại rồi gấp bọc lại theo mép. Với tằm tuổi 1~2, áp

**Đậy màng nilon**

dụng cách nuôi chống khô hoàn toàn với màng đệm dưới và màng phủ trên (màng phủ trên nên đục lỗ). Với tằm tuổi 3, sau khi cho ăn bữa đầu tiên, dùng phương pháp nuôi chống khô một nửa bằng cách chỉ phủ màng phía trên, phía dưới không cần đệm thêm màng.

2. Xếp chồng khung tằm

Dùng phương pháp nuôi xếp chồng khung tằm lên nhau để nuôi tằm con không nhất thiết phải dựng đũi tằm, do đó chiếm ít diện tích, thuận tiện cho các thao tác khi nuôi, còn có lợi khi vệ sinh tiêu độc phòng tằm và dụng cụ nuôi. Có rất

**Nuôi tằm theo khung xếp chồng**

nhiều nguồn vật liệu để chế tạo khung tằm kiểu xếp chồng, kỹ thuật làm ra lại đơn giản và giá thành thấp nên rất thích hợp để ứng dụng mở rộng ở vùng nông thôn.

Giá chính để làm khung tằm có thể dùng các thanh gỗ sam hoặc gỗ tùng để chế tác. Cưa thanh gỗ thành những tấm có độ dày 2cm, rộng 7cm, sau đó dùng đinh đóng thành các khung gỗ có kích thước 110cm×70cm×7cm, bốn cạnh khung khoan các lỗ nhỏ rồi dùng dây nylon đan qua các lỗ tạo thành lưới, và đóng đinh một khối gỗ dày 2 cm vào bốn góc phần đáy để làm chân khung tằm. Ngoài ra còn có thể đóng 2 thanh gỗ vào phần đáy khung tằm, để khung tằm được bền và chắc hơn. Khi sử dụng, đệm một tấm màng mỏng không gây độc có kích thước tương xứng vào phần đáy khung tằm là có thể đặt tằm con vào nuôi ở bên trong khung tằm.

(Ⅲ) Phương pháp hái lượm, vận chuyển và lưu trữ lá dâu cho tằm con

1. Dự tính số lượng lá

Số lượng dâu dùng cho tằm con tương đối ít, do đó lượng lá hái nhiều hay ít quá đều không tốt. Bởi vậy, cần căn cứ vào số lượng tằm nuôi để dự tính chính xác lượng lá dâu cần dùng mỗi ngày. Lấy ví dụ với giống Lưỡng Quảng số 2 để thống kê lượng lá dâu cần cho tằm con ở từng lứa tuổi.

**Lượng lá dâu cho tằm con giống Lưỡng Quảng số 2 ở từng lứa tuổi**

| Lứa tuổi | Số lượng lá dâu cần dùng cho 1 bìa giống tằm (10g kiến)/kg | Tỷ lệ chiếm trên tổng lượng lá dâu /% |
|---|---|---|
| 1 | 4,8 | 0,51 |
| 2 | 11,7 | 1,23 |
| 3 | 39,4 | 4,15 |
| Tổng | 55,9 | 5,89 |

2. Thời gian hái lá

Trong điều kiện thời tiết nắng ráo, thời gian hái lá thường được tiến hành vào buổi sáng và chiều tối. Vào buổi sáng, cần chờ tới khi sương tan hết rồi mới hái, không được hái lá còn đẫm sương. Vào buổi chiều, sau 17 giờ mới hái. Không hái lá dâu vào buổi trưa (trừ những ngày âm u). Khi thời tiết hanh khô nên hái lá vào buổi sáng. Vào ngày mưa, tranh thủ hái nhiều trước khi mưa xuống hoặc hái sau khi nước mưa khô hẳn, cố gắng không hái lá dâu có nước mưa.

3. Tiêu chuẩn hái lá với tằm con

Tằm tuổi 1 ăn dâu ở phiến thứ ba tính từ ngọn xuống, lá có màu vàng hơi xanh, tằm tuổi 2 ăn lá ở phiến thứ tư tính từ ngọn xuống, lá màu xanh hơi vàng. Tằm tuổi 3 ăn lá ở phiến thứ năm đến sáu tính từ ngọn xuống, lá bóng và có màu xanh nhạt.

| **Vị trí lá dâu dùng cho tằm tuổi 1** | **Vị trí lá dâu cho tằm tuổi 2** | **Vị trí lá dâu dùng cho tằm tuổi 3** |

4. Vận chuyển lá dâu

Sau khi hái lá dâu, yêu cầu dùng loại sọt chuyên dụng để xếp lá, xếp rộng rãi và vận chuyển nhanh, không được dùng loại túi dệt bằng chất liệu nhựa không thoáng khí để xếp lá dâu. Khi xếp lá vào sọt không được ép chặt, thời gian để lá ngoài phòng không được quá lâu, sau khi chuyển về lập tức mang vào phòng trừ lá để cất trữ.

5. Cất trữ lá dâu

(1) Phương pháp cất trữ bảo quản lá tươi bằng màng mỏng. Trước tiên lót một tấm màng nilon mỏng trên nền nhà, sau đó phủ tiếp một tầng vải xô ẩm lên

phía trên, xếp ngay ngắn lá dâu đã hái về lên đó sao cho đầu lá hướng xuống dưới và cuống lá hướng lên trên, cứ thế lần lượt xếp thành hàng. Tiếp theo phủ lên một lớp vải xô ẩm khác và phủ thêm một tầng màng nilon mỏng phía trên cùng.

**Màng mỏng giữ ẩm**

(2) Phương pháp cất trữ lá trong vại. Đổ một ít nước sạch vào vại lớn, bố trí một tấm đệm bằng trúc cách mặt nước 10cm, ở giữa đặt lồng thông khí, sau đó xếp chồng ngay ngắn lá dâu đã hái về sao cho đầu lá hướng lên trên và cuống lá hướng xuống dưới, lần lượt xếp như vậy phía trong vại, trên miệng vại dùng tấm vải ẩm hoặc màng mỏng đậy kín.

(Ⅳ) Điểm quan trọng trong kỹ thuật nuôi tằm con

1. Điều tiết nhiệt độ và độ ẩm phòng nuôi tằm con

Nhiệt độ cho tằm tuổi 1~2 nên giữ ở mức 28℃, độ ẩm tương ứng từ 85%~90% (chênh lệch độ ẩm - độ khô ở mức 1℃); nhiệt độ cho tằm tuổi 2~3 nên giữ ở mức 27℃, độ ẩm tương ứng từ 80%~85% (chênh lệch độ ẩm - độ khô từ 1,0~1,5℃). Để duy trì điều kiện nhiệt độ và độ ẩm cao, với tằm tuổi 1~2 cần dùng màng nilon mỏng đậy bên trên và đệm bên dưới để chống khô hoàn toàn, tằm tuổi 3 chỉ đậy trên và không đệm dưới để chống khô một nửa. Khi nhiệt độ và độ ẩm không đạt yêu cầu, phải tăng nhiệt và bổ sung độ ẩm, ánh sáng nên phân biệt ngày đêm rõ ràng.

Trong quá trình nuôi tằm, cần chú ý điều tiết khí hậu trong phòng nuôi tằm. Khi nhiệt độ thấp, có thể dùng lò sưởi để tăng nhiệt; khi độ ẩm cao, có thể thông gió để khử ẩm; khi nhiệt độ cao, vẩy nước để hạ nhiệt, đồng thời vẩy nước lên lá dâu để ngăn cho lá không bị nhanh héo.

**Bố trí để tăng nhiệt và bổ sung ẩm**     **Đậy vải ẩm lên nong tằm để giữ ẩm**

2. Cho tằm ăn dâu tươi

Lá dâu dùng cho tằm con phải tuân thủ nghiêm ngặt theo các yêu cầu và tiêu chuẩn hái lá đã nêu ở trên. Đối với tằm con, đa số dùng cho tằm ăn lá đã cắt, kích thước bằng 1~1.5 lần chiều dài mình tằm là được. Khi băng tằm, thái lá theo kích thước 0,2cm×0,2cm, tằm tuổi 1 thái với kích thước 0,5cm×0,5cm, tằm tuổi 2 theo kích thước 1cm x 1cm, tuổi 3 thái lá hình tam giác. Lá dâu nên thái to một chút khi trời khô ráo và nhỏ một chút khi độ ẩm cao.

**Thái lá dâu thành hình vuông cho**     **Thái lá dâu hình tam giác cho tằm 3**
**tằm 1~2 tuổi**                          **tuổi**

3. Số lần cho tằm ăn và số lượng lá dâu

Khi cho tằm ăn, cần cho ăn với lượng dâu phù hợp. Cho ăn quá nhiều sẽ gây lãng phí dâu, mặt khác quá nhiều lá dư trong nia dễ làm độ ẩm tăng cao, thúc đẩy sự sinh sản của vi khuẩn gây bệnh. Nếu cho tằm ăn lượng dâu quá ít, tằm con sẽ dễ bị đói, ảnh hưởng đến sự sinh trưởng phát triển bình thường của tằm.

Tằm con tuổi 1~3 chủ yếu cho ăn no để tăng cường thể chất, sao cho tới lần ăn kế sau, tằm để dư lại một chút là được. Thông thường mỗi ngày và đêm cho tằm ăn 4 lần dâu, có thể sắp xếp lần lượt vào các khung 6~7 giờ, 11~12 giờ, 16~17 giờ và 21~22 giờ, mỗi thời điểm một lần. Về lượng lá mỗi lần cho ăn, tằm tuổi 1 cho 1,5~2 tầng lá, tằm tuổi 2 cho 2~2,5 tầng, tuổi 3 cho 2,5~3 tầng. Với 10g kiến/bìa tằm, tằm tuổi 1 dùng khoảng 1 kg lá, tuổi 2 dùng khoảng 3,5 kg lá, tuổi 3 dùng khoảng 13 kg lá (phù hợp với giống Lưỡng Quảng số 2, đối với các loại giống cho lượng tơ tương đối cao khác số lượng này cần tăng thêm 10%).

4. Kịp thời thay phân, san tằm

(1) San tằm. Trước mỗi lần cho tằm ăn, dùng đũa tằm chống ngang dưới nia tằm, nhẹ nhàng giãn tằm rộng ra, đưa tằm tập trung dày mang theo lá gấp sang chỗ thưa hơn, đảm bảo mỗi con đều có không gian di chuyển cho 2 đầu, tránh tằm tụ tập đông cùng nhau, khiến tằm ăn không đủ dâu và làm tổn thương da tằm.

**Thay phân cho tằm con**

(2) Thay phân. Việc dọn sạch lá héo, phân tằm, da tằm lột và xác tằm chết bệnh trên nia tằm gọi chung là thay phân. Thay phân có thể chia làm 3 kiểu gồm thay phân thức, thay phân trung và thay phân ngủ. Thay phân thức được tiến hành sau khi tằm ăn bữa đầu tiên sau khi thức dậy; thay phân trung được tiến hành vào giữa kỳ tuổi; thay phân ngủ được tiến hành trước khi tằm chuẩn bị ngủ (kỳ ướm ngủ). Tằm tuổi 1 thay phân ngủ 1 lần, tằm tuổi 2 và 3 thay phân thức và thay phân ngủ mỗi kiểu 1 lần.

5. Xử lý khi tằm con thức dậy

(1) Thay phân ngủ. Trước khi tằm chuẩn bị ngủ, tiến hành thêm lưới, dọn phân tằm và lá héo để tằm có môi trường ngủ tốt.

(2) Cho tằm ăn no trước khi ngủ và bảo vệ tằm trong lúc ngủ. Sau khi thay

phân cho tằm trước khi ngủ, cần cho tằm ăn dâu 1~2 lần để tằm no căng và có giấc ngủ ổn định. Sau khi trên 90% tằm đã ngủ yên thì dừng cho ăn. Sau khi tằm ngủ ổn định thì vén màng mỏng lên, rắc một lớp mỏng vôi bột sống lên nia tằm, tiếp đó phủ lá dâu lên trên, như vậy có thể tránh tằm lén ăn lá héo khi thức giấc, đồng thời có thể cách ly tằm chết bệnh và phân tằm, giảm thiểu sự lây lan của vi khuẩn gây bệnh. Phải giảm nhiệt độ phòng tằm xuống 1 ℃, chênh lệch độ ẩm - độ khô từ

**Thay phân trước ngủ cho tằm con (bên phải là tằm con sau khi nâng lưới chuẩn bị ngủ, bên trái là phân tằm và lá héo còn lại sau khi nâng lưới)**

1,5~2,0 ℃. Khi tằm ngủ phải đảm bảo duy trì môi trường yên tĩnh, cố gắng không làm khuấy động giấc ngủ của tằm. Bên cạnh đó còn cần tránh gió mạnh thổi trực tiếp, ánh sáng mạnh chiếu trực tiếp và các rung động.

(3) Phân lứa tách tằm ngủ muộn. Do nhiều nguyên nhân như chất lượng lá dâu không đồng đều, điều kiện môi trường không tốt... dẫn đến việc tằm nở không đều, cũng sẽ gây ra hiện tượng tằm thức ngủ không đồng nhất. Bởi vậy, cần kết hợp giữa việc thêm lưới ngủ và tiến hành xử lý phân lứa, tách riêng tằm đã ngủ và tằm chưa ngủ, đồng thời tiếp tục cho tằm ngủ muộn ăn dâu và đốc

**Phân lứa tách tằm ngủ muộn**

thúc chúng mau chóng đi vào giấc ngủ. Nếu đại đa số tằm đã ngủ yên, chỉ có số ít tằm ngủ muộn, số tằm này đa phần là tằm không khỏe, nên thêm lưới để loại bỏ.

(4) Khống chế ngủ ngày. Trạng thái tằm tuổi 1~3 hoàn toàn đi vào giấc ngủ trước khi đêm xuống gọi là ngủ ngày. Ưu điểm của việc ngủ ngày là có thể quan sát toàn bộ tình trạng phát triển của tằm, cũng thuận tiện cho việc xử lý khi tằm tỉnh. Khống chế ngủ ngày là khâu kỹ thuật quan trọng trong việc chăn nuôi tốt tằm con, cách thức như sau: tìm hiểu rõ giống tằm và quá trình phát triển của từng lứa tuổi, nắm bắt quy luật ngủ thức của tằm; điều tiết thời gian băng tằm và cho ăn bữa đầu tiên; kiểm soát nhiệt độ, độ ẩm của phòng tằm; vận dụng các cách như cho ăn lá dâu tươi hoặc lá dâu qua đêm, lá dâu thiên non hoặc thiên già, điều tiết nia tằm dày hoặc thưa, tăng hoặc giảm số lần cho tằm ăn, điều tiết vị trí của nong trên đũi tằm... để điều tiết tốc độ phát triển và trưởng thành nhanh hay chậm của tằm.

**Thời gian biểu bữa ăn đầu tiên của tằm để khống chế ngủ ngày**

| Lứa tuổi | Tuổi 1 | Tuổi 2 | Tuổi 3 | Tuổi 4 |
|---|---|---|---|---|
| Thời gian cho ăn bữa đầu | 8 giờ (băng tằm) | 14 giờ | 13 giờ | 18 giờ |
| Thời gian ngủ | 16 giờ | 16 giờ | 18 giờ | 16 giờ |

6. Cho ăn bữa đầu vào thời gian thích hợp

(1) Thời gian bữa ăn đầu tiên. Bữa ăn đầu tiên là lần cho ăn lá thứ nhất sau khi tằm thức dậy. Khi có trên 98% số tằm trong cùng một lứa đã lột xác, phần đầu từ màu xanh chuyển sang nâu nhạt và khi tằm bò tìm thức ăn là thời điểm thích hợp để ăn, lúc này mới có thể cho lá ăn bữa đầu tiên.

(2) Trước tiên, rắc than trấu, vôi bột sống hoặc thuốc phòng bệnh số 1 để tiến hành tiêu độc nia tằm, sau 10 phút để tằm bò ra thì thêm lưới và cho ăn dâu, dâu dùng cho bữa đầu tiên nên chọn lá hơi mềm, lượng lá đủ để tằm ăn no 80%, đồng nghĩa với việc tằm ăn vừa đủ hết ở lần ăn tiếp theo là phù hợp.

(3) 30 phút sau khi cho tằm ăn có thể nhấc lưới và thay phân.

## VII. Kỹ thuật nuôi tằm lớn

( I ) Quá trình nuôi tằm lớn

Tằm tuổi 4~5 là tằm lớn dưới đây lấy giống Lưỡng Quảng số 2 làm ví dụ để nhân giống ở điều kiện nhiệt độ từ 24~26°C, chênh lệch độ khô - độ ẩm từ 2,5~3,0°C.

### 1.Nuôi tằm tuổi 4

Thời gian nuôi tằm tuổi 4 là 4 ngày 9 giờ. Sau khi tiến hành cho ăn bữa đầu tiên lúc 21 giờ, tằm bước vào ngày thứ nhất của tuổi 4. Trước khi cho ăn bữa đầu tiên, dùng thuốc phòng bệnh số 1 cho tằm lớn để tiêu độc mình tằm, thêm hai lưới chống thức, khoảng 5 phút sau thì cho ăn bữa đầu tiên.

**Rắc thuốc phòng bệnh số 1 cho tằm lớn trước khi tằm tuổi 4 ăn bữa đầu tiên**

**Thêm lưới cho dâu ở bữa đầu tiên của tằm tuổi 4**

Vào 8 giờ sáng ngày thứ hai, tiến hành chống thức và phân nong. Sang 6 giờ ngày thứ ba, trước khi cho tằm ăn, rắc một lớp mỏng vôi bột sống và thêm lưới thay phân trung; đến 8 giờ tiến hành thay phân trung. Tới 10 giờ ngày thứ tư, trước khi cho ăn, rắc một lớp mỏng vôi bột sống và thêm lưới chống ngủ cho tằm; 14 giờ tiến hành thay phân trước khi ngủ, lúc này mình tằm căng thẳng phát sáng, bước vào kỳ ướm ngủ, đến khoảng 16 giờ khi giấc ngủ ổn định, rắc một lớp mỏng vôi bột sống cho tằm để hãm dâu.

### 2.Nuôi tằm tuổi 5

Thời gian nuôi tằm tuổi 5 là từ 6~7 ngày. Vào 6 giờ sáng sau khi ăn bữa đầu tiên, tằm bước vào ngày thứ nhất của tuổi 5, trước khi cho ăn bữa đầu tiên của tuổi này, dùng thuốc phòng bệnh số 1 cho tằm lớn để tiêu độc mình tằm và thêm hai tấm lưới chống thức, khoảng 5 phút sau cho tằm ăn bữa đầu tiên, đến 10 giờ sáng cùng ngày tiến hành đánh thức và phân nong.

Nếu áp dụng cách nuôi bằng nong cho tằm tuổi 5 thì từ ngày thứ hai trở đi, mỗi tối trước khi cho tằm ăn, rắc một lần lớp mỏng vôi bột sống để đảm bảo duy trì nia tằm khô ráo, tiếp tục thêm lưới thay phân rồi thay phân vào sáng hôm sau, đến khi tằm chín.

Nếu áp dụng cách nuôi trên đài cho tằm tuổi 5 thì từ ngày thứ hai trở đi, mỗi tối trước khi cho tằm ăn, rắc một lần lớp mỏng vôi bột sống để đảm bảo duy trì nia tằm khô ráo. Vào ngày thứ 3 và thứ 5, mỗi ngày thay phân cho tằm 1 lần.

Nếu áp dụng cách nuôi trên nền nhà với tằm tuổi 5 thì trong thời gian của kỳ tuổi có thể không thay phân, song mỗi sáng - tối trước khi cho tằm ăn nhất thiết phải rắc một lần lớp mỏng vôi bột sống để đảm bảo giữ cho nia tằm khô ráo.

Đến ngày thứ 7 của tuổi 5, từ 8 giờ trở đi có số ít tằm chín, khoảng 14 giờ thì bước vào giai đoạn chín mạnh, có thể tranh thủ lên hết né trước 18 giờ.

( II ) Phương pháp nuôi tằm lớn

Các phương pháp nuôi tằm lớn gồm nuôi trên nền nhà, nuôi bằng nong, nuôi trên đài, nuôi trong lán... Đa số các khu vực nuôi tằm ở Quảng Tây áp dụng phương thức nuôi tằm trên nền nhà.

1. Nuôi tằm trên nền nhà

Nuôi tằm lớn trên nền nhà là đặt tằm xuống nền nhà để chăn nuôi. Nuôi tằm trên nền nhà cần chọn phòng ốc có địa thế cao ráo, thông khí tốt, chưa từng để thuốc trừ sâu, phân hóa học..., sau khi dọn vệ sinh tổng thể, dùng dung dịch thuốc tẩy chứa 1% Clorua hoặc

**Nuôi tằm trên nền nhà**

dung dịch tiêu độc để tiêu độc triệt để. Trước khi đặt tằm xuống nền nhà, đầu tiên cần rải một lớp vôi bột sống, sau đó di dời tằm tuổi 4 hoặc tuổi 5 đã ăn bữa đầu tiên theo lá xuống nền nhà để chăn nuôi. Có hai kiểu bố trí nia tằm, cách thứ nhất là bố trí theo luống, chiều rộng luống thường từ 1,2~1,4 m, chiều rộng có thể dựa vào kích thước của nền nhà, mặt khác giữa các luống thiết kế rãnh thông rộng từ 0,3~0,5 m; cách còn lại là trải tằm phủ kín nền nhà, đồng thời đặt tấm đạp chân hoặc vài khối đón chân để dễ thao tác. Tằm tuổi 4 nuôi trên nền nhà cần được chống ngủ và tằm tuổi 5 cần chống thức, tằm tuổi 5 nuôi trên nền nhà thường không cần thay phân. Vào ngày mưa ẩm thấp, có thể rắc nhiều một chút các vật liệu khô như vôi bột sống hay rơm khô ngắn lên nia tằm. Đa số các khu vực nuôi tằm ở Quảng Tây dùng cách thức nuôi tằm trên nền nhà. Nuôi tằm lớn trên nền nhà có 6 lợi ích.

(1) Tiết kiệm đầu tư. Ngoại trừ tằm con cần số lượng ít các dụng cụ nuôi tằm, nuôi tằm lớn trên nền nhà có thể tiết kiệm đũi tằm và nong tằm.

(2) Tiết kiệm sức lao động. Nuôi tằm trên nền nhà không cần thay phân, giảm nhẹ được cường độ lao động, mỗi nhân công có thể nuôi từ 4~6 bìa tằm, nâng cao hiệu suất lao động lên 3~4 lần so với cách nuôi thông thường.

(3) Có lợi cho việc phòng bệnh. Có thể giảm thiểu tổn thương và truyền nhiễm vi khuẩn gây bệnh cho tằm, đồng thời giảm bớt tỷ lệ tằm phát bệnh.

(4) Thích hợp với sinh lý của mình tằm. Nuôi tằm trên nền nhà có độ ẩm thích hợp, không khí tốt, có thể giảm khả năng khiến tằm thấy khó chịu, tính ưu việt càng được thể hiện rõ hơn trong môi trường có nhiệt độ và độ ẩm cao.

(5) Tiết kiệm lá dâu. Khi cho tằm ăn trên nền nhà, lá dâu lâu bị héo, có thể nâng cao tỷ lệ sử dụng của lá.

(6) Thao tác chăn nuôi đơn giản, kỹ thuật nuôi dễ dàng nắm bắt. Thông thường khi nuôi tằm trên nền nhà, từ việc đặt tằm xuống tới khi lên né đều không cần thay phân, cũng không phải di chuyển nia tằm và phân tằm để tránh tỏa nhiệt. Nếu thời tiết ẩm ướt, có thể rắc một chút than trấu, vôi bột sống hoặc rơm vào nia tằm để ngăn cách với phân tằm.

## 2. Nuôi tằm bằng nong

Nuôi tằm bằng nong là đặt tằm trên nong để chăn nuôi, mỗi lần thao tác cho ăn, thay phân... bắt buộc phải di chuyển nong tằm, là cách nuôi truyền thống, khá tốn công sức, cần xây đũi tằm, đầu tư lớn cho dụng cụ nuôi, dễ bị hư hại, không thể áp dụng kỹ thuật lên né tự động, song lại tối ưu được việc tận dụng không gian phòng nuôi tằm. Ở

**Nuôi tằm bằng nong**

Quảng Tây, Quảng Đông thường dùng nong tròn lớn làm bằng trúc (đường kính khoảng 1m) và nong bầu dục... Những năm gần đây xuất hiện khung tằm bằng gỗ hoặc nhựa để nuôi tằm lớn, thao tác nuôi tương tự như nuôi bằng nong nên cũng được xếp vào loại nuôi bằng nong tằm.

## 3. Nuôi tằm trên đài

Có khá nhiều kiểu nuôi tằm trên đài, thường dùng là kiểu đài tằm dùng dây thừng để treo và kiểu đài cố định có trụ thẳng làm giá đỡ. Nia tằm là các mặt phẳng làm bằng trúc (hoặc gỗ), mỗi tầng cách nhau 0,5~0,9 m, đài tằm có thể dài 4~6 m, rộng 1,3~1,6 m, giúp tận dụng được không gian tốt hơn so với nuôi trên nền nhà. Các nia tằm liền nhau tạo được diện tích lớn giúp hiệu quả cho dâu cao, đồng thời có thể áp dụng được kỹ thuật lên né tự động. Các

**Nuôi tằm trên đài**

hộ nông dân có diện tích phòng tằm không đủ thường sử dụng phương pháp này, hoặc lứa nào nuôi với số lượng lớn thì mở rộng diện tích nia tằm để nuôi tằm.

4. Nuôi tằm trong lán

Thông thường, khi nuôi tằm trong lán cần chọn nơi có địa thế bằng phẳng, dẫn nước thông suốt, nằm ở vị trí gần vườn dâu, có hướng Nam Bắc. Lán cao từ 2,5~3,5 m, ở điểm cách mặt đất 1m dùng màng mỏng nilon ép chặt để chống kiến và chuột gây hại, những điểm còn lại đặt lưới cửa sổ chống ruồi nhặng; trên đỉnh lán dùng vải màu để cột chặt, bên trên phủ tiếp một lớp màn rơm để cách nhiệt, trên màn rơm đặt một tấm lưới che nắng để tránh ánh nắng mặt trời chiếu trực tiếp cũng như điều tiết nhiệt độ và độ ẩm trong phòng. Lán tằm thoáng gió, thông khí tốt, chi phí xây dựng thấp, không gian rộng rãi, có thể áp dụng các phương pháp nuôi tằm bằng nong, nuôi trên đài hay trên nền nhà..., thuận lợi cho việc ứng dụng các kỹ thuật nuôi tằm tiết kiệm sức lao động.

( III ) Hái lượm, vận chuyển và cất trữ lá dùng cho tằm lớn

1. Dự tính số lượng lá

Số lượng lá dâu nuôi tằm lớn tương đối nhiều, cần dựa vào số lượng tằm chăn nuôi để dự tính chính xác số lượng lá cần dùng mỗi ngày, vừa đảm bảo có thể cho tằm ăn no những lá dâu chất lượng tốt theo lứa tuổi, lại không gây lãng phí lá dâu. Dưới đây lấy giống Lưỡng Quảng số 2 làm ví dụ để thống kê số lượng lá cần dùng cho tằm lớn ở mỗi lứa tuổi và số lượng lá tằm tuổi 5 dùng mỗi ngày.

**Bảng tham khảo số lượng lá dùng cho tằm lớn ở mỗi lứa tuổi với giống tằm Lưỡng Quảng số 2**

| Lứa tuổi | Số lượng lá dùng cho 1 bìa tằm (10g kiến) /kg | Tỷ lệ chiếm trên toàn bộ số lượng lá /% |
|:---:|:---:|:---:|
| 4 | 61,05 | 12,27 |
| 5 | 384,00 | 80,84 |
| Tổng | 445,05 | 93,11 |

**Bảng tham khảo số lượng lá dùng mỗi ngày (kg) cho tằm tuổi 5 trên 1 bìa giống tằm (10 g kiến)**

| Thứ tự ngày | Ngày thứ nhất | Ngày thứ hai | Ngày thứ ba | Ngày thứ tư | Ngày thứ năm | Ngày thứ sáu | Ngày thứ bảy | Tổng cộng |
|---|---|---|---|---|---|---|---|---|
| Số lượng lá /kg | 42,24 | 57,60 | 72,96 | 76,80 | 84,48 | 46,08 | 3,84 | 384,00 |
| Tỷ lệ /% | 11 | 15 | 19 | 20 | 22 | 12 | 1 | 100 |

2. Thời gian hái lá

Tương tự như thời gian hái lá dùng cho tằm con.

3. Tiêu chuẩn lá dùng cho tằm lớn

Lá dâu dùng cho tằm tuổi 4~5 yêu cầu hàm lượng nước trong lá đạt 73%~74%, lá trưởng thành hoàn toàn, màu xanh thẫm và bóng. Không được dùng lá non hoặc lá vàng quá già cho tằm ăn. Ngoài ra cũng không nên cho tằm ăn lá dâu bị sâu bệnh gây hại nghiêm trọng.

4. Vận chuyển lá dâu

Tương tự với phương thức vận chuyển lá dùng cho tằm con.

5. Cất trữ lá dâu

Tằm lớn dùng số lượng lá dâu lớn, lá hái về nên đặt trong phòng cất trữ có nhiệt độ thấp và độ ẩm cao. Phòng trữ dâu cần chú ý vệ sinh sạch sẽ, tiêu độc và phòng bệnh, đồng thời đảm bảo duy trì trạng thái ẩm ướt. Nhân viên nuôi tằm vào phòng lấy dâu phải rửa tay, thay dép, tránh mang vi khuẩn gây bệnh vào trong phòng. Lá dâu hái về xếp thành luống, giữa các luống giữ một khoảng trống hẹp. Chiều rộng luống nhỏ hơn 70cm, chiều cao không quá 50 cm để tránh lá chồng lên nhau quá dày mà tỏa nhiệt, dẫn đến lá bị biến chất. Trên mặt luống đậy lớp màng mỏng, chú ý thường xuyên lật lá để tản nhiệt, thông thường cứ cách 4 giờ lật lại 1 lần. Gặp thời tiết khô hạn, phun một lượng nhỏ nước sạch lên mặt luống có thể ngăn lá bị khô héo. Mỗi ngày trước khi xếp lá, nhân lúc phòng trữ đang trống có thể xịt nước để bổ sung ẩm toàn diện. Lưu ý kịp thời loại bỏ lá dâu đã biến chất. Dụng cụ phòng trừ dâu cần được làm sạch và tiêu độc định kỳ, lá dâu được hái vào những thời gian khác nhau cần cất trữ riêng, lá trữ trước dùng trước. Thời gian trữ lá thích hợp là không nên vượt quá 24 giờ.

(IV) Điểm quan trọng trong kỹ thuật nuôi tằm lớn

1. Điều chỉnh nhiệt độ, độ ẩm

Thời kỳ tằm lớn phải đặc biệt lưu ý xem độ thông gió trong phòng tằm liệu đã tốt, cần mở cửa sổ trong các thời kỳ tằm để tăng cường lưu thông không khí trong phòng. Nếu gặp thời tiết nóng nực, nhiệt độ và độ ẩm đều cao, có thể dùng các công cụ như quạt điện... để hạ nhiệt, khử ẩm. Tằm tuổi 4 nên khống chế nhiệt độ từ 25~26 ℃, độ ẩm tương ứng từ 70%~75%. Tằm tuổi 5 nên khống chế nhiệt độ từ 24~25 ℃, độ ẩm tương ứng là 70%. Khi nhiệt độ cao trên 30℃ phải nghĩ cách hạ nhiệt, khi nhiệt độ thấp dưới 20℃ phải nghĩ cách tăng nhiệt.

2. Làm tốt việc vệ sinh nia tằm, bảo đảm diện tích của nia tằm

Vệ sinh nia tằm sạch sẽ giúp phòng tránh phát sinh tằm bệnh và truyền nhiễm. Với tằm lớn, mỗi sáng dùng vôi bột tươi để tiêu độc mình tằm và nia tằm, tiến hành thay phân mỗi ngày (nếu nuôi tằm trên nền nhà trong phòng thì không cần thay phân). Vào những ngày mưa âm u, độ ẩm cao, mỗi ngày rắc vôi bột tươi từ 1~2 lần để đảm bảo duy trì khô thoáng. Chú ý nhặt ra tằm bệnh, tằm chết cũng như loại bỏ tằm nhỏ yếu. Sau đó đặt những con tằm bệnh, tằm chết và tằm nhỏ yếu đã nhặt ra vào vôi bột tươi để phòng lây lan bệnh tằm.

Khi tằm không ngừng phát triển, cơ thể tằm cũng không ngừng lớn lên, do đó cần kịp thời mở rộng nia tằm, bảo đảm chắc chắn diện tích nia tằm cho mỗi bìa tằm (10 g kiến) khi tằm tuổi 4 là 10~12 m², tằm tuổi 5 khoảng 30 m².

3. Tằm tuổi 4 cần cho ăn no những lá dâu tốt

Tuổi 4 là thời kỳ chuyển ngoặt khi mình tằm phát triển quá độ đến khi tuyến tơ phát triển. Lúc này, nếu dinh dưỡng không tốt sẽ ảnh hưởng đến sản lượng và chất lượng của kén tằm. Do đó, yêu cầu lá dâu phải tươi, đạt chất lượng tốt, cho tằm ăn những lá dâu chín hái từ phiến thứ 7~15 tính từ ngọn xuống. Một bìa tằm (10 g kiến) cần từ 65~70 kg lá.

4. Tằm tuổi 5 cần cho ăn dâu thích hợp để nâng cao mức độ tận dụng lá

Lượng lá dùng cho tằm tuổi 5 chiếm khoảng 85% lượng dâu của cả lứa, do vậy việc dùng lá hợp lý cho tuổi 5 là mấu chốt để nâng cao mức độ tận dụng lá. Thao tác cụ thể là *đầu cuối dày - giữa mỏng*, nghĩa là vào ngày 1~2 và ngày 6~7 của tuổi 5 phải khống chế nghiêm ngặt lượng dâu cho tằm ăn, sao cho ở lần ăn kế tiếp tằm ăn vừa hết dâu là hợp lý. Ngày 3~6 phải cho tằm ăn no. Lựa chọn hái những lá phiến trưởng thành hoặc lá cành trưởng thành.

Lấy giống Lưỡng Quảng số 2 làm ví dụ, với một bìa tằm (10g kiến), tằm tuổi 5 cần từ 380~420 kg lá dâu. Thông thường, ở thời kỳ tuổi 5, lượng dâu dùng cho ngày 1~2 chiếm 15%~20% số lượng dâu dùng cho cả kỳ; ngày 3~6 phải để tằm ăn no căng những lá dâu có chất lượng tốt, lượng lá dùng chiếm từ 70%~75% lượng dâu của kỳ này; ở ngày 6 hoặc ngày 7 sau khi thấy tằm chín, phải khống chế nghiêm ngặt lượng dâu cho ăn, lượng dâu sử dụng chiếm từ 5%~10% lượng dâu cả kỳ.

5. Bổ sung thuốc kháng sinh để phòng chống bệnh tằm

Trong quá trình nuôi tằm lớn, cần bổ sung cho tằm một vài loại thuốc kháng sinh để phòng các bệnh do vi khuẩn ở tằm. Các loại thuốc thường dùng gồm Tằm Phục Khang số 1, Khắc Tằm Khuẩn Giao Nang, Tằm Nạch Thanh... Cách dùng thuốc dựa trên hướng dẫn sử dụng của từng loại để phối hợp. Vào lần ăn thứ hai của tằm thức ở mỗi lứa, ngày thứ 2 của tằm tuổi 4, ngày thứ 3~5 của tằm tuổi 5, mỗi thời điểm dùng 1 lần để phòng bệnh.

6. Cho ăn bổ sung hoặc xịt lên mình tằm thuốc diệt ruồi để phòng chống ấu trùng ruồi ở tằm

Vào ngày thứ 2 của tuổi 4, ngày thứ 2-4-6 của tuổi 5, mỗi thời điểm dùng 500 lần dung dịch thuốc diệt ruồi 40% cho tằm ăn một lần hoặc 300 lần dung dịch pha loãng với thuốc diệt ruồi 40% xịt lên mình tằm một lần để phòng bệnh ấu trùng ruồi. Các cửa sổ phòng tằm đều phải bố trí lưới sợi để phòng ruồi ký sinh ở tằm bay vào, có thể không cần cho ăn thêm hoặc xịt thuốc diệt ruồi.

## VIII. Lên né và thu hoạch kén

( I ) Lên né

1. Đặc trưng của tằm chín

Sau khi phát triển đến thời kỳ sau của tuổi 5, tằm bắt đầu giảm ăn dâu hoặc ngừng ăn, thải ra nhiều phân mềm màu xanh, phần đầu trong suốt, phần thân hơi mềm mà co ngắn, phần đầu-ngực ngẩng cao và lắc sang hai bên, đồng thời tằm tìm chỗ để nhả tơ tạo kén, lúc này là thời gian thích hợp để lên né.

**Đặc trưng của tằm chín**

2. Chuẩn bị dụng cụ lên né

Dụng cụ lên né có rất nhiều chủng loại. Hiện nay, những loại được sử dụng tương đối nhiều ở Quảng Tây gồm có né hoa, né ô vuông và né gấp nhựa. Mỗi bìa tằm cần 50 chiếc né hoa cao 1,6 m, rộng 0,8m, mỗi né hoa có thể lên được 500~600 đầu tằm chín; hoặc 200 chiếc né ô vuông (156 lỗ/chiếc), mỗi chiếc né ô vuông lên được 120 ~ 150 tằm chín; hoặc 140 chiếc né gấp nhựa, mỗi chiếc lên được 200 đầu tằm chín.

3. Xử lý tằm chín và lên né

Sau khi tằm chín, cần giảm lượng dâu cho ăn để tránh lãng phí lá dâu. Trong phạm vi nhiệt độ thích hợp, sau khi tằm chín có thể tăng nhiệt vừa phải để thúc đẩy tằm chín kỹ một cách đồng đều. Thông thường, tằm chín khá ít vào buổi sáng, chín nhiều hơn từ 12~14 giờ; ngày thứ nhất chín tương đối ít, ngày thứ hai chín tương đối nhiều và ngày thứ ba chín hết. Tằm chín trước cần lên né trước để tránh tằm chín nhả ra quá nhiều tơ hỏng mà làm giảm số lượng tơ. Với tằm chưa chín, phải kịp thời thu gọn nia tằm và cho tằm ăn lá.

**Lên né bằng     Lên né bằng né hoa     Lên né bằng né gấp
né gỗ ô vuông**

4. Quản lý trong quá trình lên né

Sau khi lên né hết cho tằm chín, xếp các né hoa thành hình "hai đầu chập vào nhau, hai chân dạng ra hai bên" và treo các né ô vuông lên, cách 4 giờ/lần nhặt những con tằm bò ra xung quanh và thay đổi liên tục vị trí trên-dưới-trong-ngoài để giúp tằm chín phân bố đều, giảm thiểu kén đôi và kén mỏng. Khi lên né, nên khống chế nhiệt độ phòng ở mức 25~26°C, không được cao hơn 28 °C hay thấp hơn 20 °C với độ ẩm tương ứng là 60%~70% (chênh lệch độ ẩm - độ khô ở mức 3~4°C). Khi lên né, việc điều tiết môi trường, khí hậu bao gồm nhiệt độ, độ ẩm và độ thông gió hết sức quan trọng, phòng lên né nên mở cửa sổ để tăng cường thông gió, khử ẩm, trên nền nhà nên rắc các chất hút ẩm (như than trấu, vôi bột sống...). Ánh sáng cần hơi tối và đều đặn, ngoài ra tránh gió mạnh thổi vào trực tiếp. Kịp thời gỡ những con tằm đầu nong xuống và nhặt những con tằm chín bình thường bị rơi trên nền nhà lên. Sau hai ngày lên né, phải loại bỏ tằm bệnh, tằm chết để tránh tằm chết thối rữa sẽ làm ô nhiễm kén tốt mà tạo thành kén bẩn và kén đốm vàng.

**Giá né hoa xếp thành hình "hai đầu          Né ô vuông được treo lên
chập vào nhau, hai chân dạng ra hai bên"**

5. Nguyên nhân tằm không nhả tơ tạo kén và cách xử lý:

Có nhiều nguyên nhân khiến tằm sau khi lên né không nhả tơ tạo kén.

(1) Tằm chưa đủ chín già. Do nhiều nguyên nhân mà lượng dâu tằm ăn không đủ, tằm phát triển không hoàn chỉnh, có phần đã chín và phần chưa chín. Cách xử lý là bắt những con tằm chưa nhả tơ tạo kén xuống, tiếp tục cho ăn lá dâu, chờ sau khi tằm chín kỹ thì lại lên né.

(2) Nhiệt độ phòng lên né quá cao (trên 28 ℃) hoặc quá thấp (dưới 20 ℃), tằm cũng sẽ không nhả tơ tạo kén. Cách xử lý là điều chỉnh nhiệt độ phòng lên né ở mức khoảng 25 ℃.

(3) Phát sinh tằm bệnh như tằm bị bệnh do nhiễm trùng đường ruột, người Quảng Đông gọi là "Bạch khẩu tử", cũng chính là ý nghĩa tằm không nhả tơ tạo kén. Cách xử lý là nhặt những con tằm bệnh xuống để chôn tập trung.

(4) Tằm bị ngộ độc. Cách xử lý là tìm hiểu nguyên nhân ngộ độc, tra rõ nguồn gốc độc tố là ngộ độc thuốc trừ sâu hay ngộ độc thể khí có độc. Nếu là ngộ độc thuốc trừ sâu phải tiếp tục chia rõ thuộc loại chất hóa học nào: thuốc trừ sâu nhóm lân hữu cơ hay thuốc trừ sâu nhóm Nitơ hữu cơ. Sau khi đã tìm hiểu nguyên nhân ngộ độc, tiếp tục dựa vào tình hình cụ thể để tiến hành xử lý.

( Ⅱ ) Thu hoạch kén

Thời kỳ thích hợp để thu hoạch kén nên vào lúc tằm hóa nhộng, mình nhộng chuyển thành màu vàng nâu. Thông thường, từ 5~6 ngày sau khi tằm vụ xuân lên né và từ 4~6 ngày sau khi tằm vụ hè thu lên né là thời điểm phù hợp để thu kén. Nếu thu kén quá sớm sẽ ảnh hưởng đến chất lượng kén tằm do tằm chưa hóa nhộng hoặc nhộng lúc này tương đối mềm và dễ vỡ ra nước; nếu thu kén quá muộn sẽ có nguy cơ tằm nhộng hóa ngài. Cần thu kén theo thứ tự lên né, trước khi thu hoạch kén cần nhặt ra tằm chết và kén rửa rồi mới thu kén tốt. Không thu hoạch "kén chân lông" (kén chưa hóa nhộng).

Khi thu kén, nên đặt riêng biệt 4 loại gồm kén thượng, kén thứ, kén hạ (kén đôi, kén đốm vàng, kén vân tím, kén dị dạng...) và kén rửa. Kén sau khi thu hoạch xuống thì giàn đều lên nong theo độ dày từ 2~3 viên, không được xếp chồng để tránh kén tằm tỏa nhiệt biến chất.

**Thu hoạch kén trên né hoa**

**Dùng dụng cụ thu kén để thu kén trên né gỗ ô vuông**

( Ⅲ ) Bán kén

Việc bán kén thích hợp vào buổi sáng và chiều tối, tránh bán kén vào buổi trưa khi nhiệt độ cao. Khi vận chuyển giao bán, nên đóng xếp nhẹ tay, vận chuyển nhanh chóng, dùng sọt mây để xếp kén, bên trong đặt lồng thông khí, cấm dùng túi màng mỏng xếp kén và phải đậy kín sọt mây đựng kén, nhằm tránh việc bị nóng dẫn đến biến chất, phải ngăn nắng chiếu và mưa dầm, trong quá trình vận chuyển, cần cố gắng giảm thiểu hết mức các chấn động để đảm bảo chất lượng kén tằm.

# CHƯƠNG IV PHÒNG CHỐNG BỆNH HẠI CHỦ YẾU Ở TẰM

## I. Các bệnh do nhiễm virus ở tằm và Biện pháp phòng trừ

( I ) Bệnh nhiễm trùng huyết (Bệnh do virus NPV - virus đa diện nhân)

(1) Triệu chứng: Các biểu hiện chủ yếu của tằm sau khi phát bệnh gồm hành động luống cuống, thường bò ở phía mép nia tằm, các đốt tằm sưng tấy, thân màu trắng sữa, da dễ rạn nứt và chảy ra dịch màu trắng sữa, sau khi chết xác tằm chuyển màu đen, thối rữa và bốc mùi. Do thời gian và số lượng lây nhiễm virus khác nhau, triệu chứng biểu hiện của tằm khi phát bệnh cũng khác nhau. Khi phát bệnh ở thời kỳ tằm con, phần da trên thân tằm căng thẳng phát sáng, mình tằm dần xuất hiện màu trắng sữa, tằm chậm chạp khó ngủ nên thường gọi là tằm không ngủ. Nếu phát bệnh trong thời kỳ ăn mạnh ở tuổi 4~5, da tằm nhão, mặt sau các đốt sưng tấy và u lên nên thường gọi là tằm đốt cao. Khi phát bệnh vào thời kỳ sau của tuổi 5, toàn thân tằm sưng tấy, thân màu trắng sữa, da dễ vỡ mủ, thường gọi là tằm mủ.

**Bệnh nhiễm trùng huyết**

(2) Biện pháp phòng trừ: ① Trước, trong và sau khi nuôi tằm đều phải tiến hành tiêu độc phòng nuôi tằm, dụng cụ nuôi và môi trường xung quanh để tiêu diệt vi khuẩn gây bệnh. ②Trong khi nuôi tằm, kịp thời phân lứa, tách tằm ngủ muộn, loại bỏ tằm ngủ muộn và tằm con bệnh, nhặt tằm bệnh rồi vùi trong vại vôi bột sống để tiêu độc, sau 1~2 ngày thì chôn sâu xuống dưới đất. ③Dùng vôi bột tươi tiến hành tiêu độc mình tằm, nia tằm, mỗi ngày rắc 1 lần trước khi cho

tằm ăn. ④Chú ý phòng chống sâu bệnh hại trong vườn dâu để ngăn chặn các loại côn trùng hoang dã bên ngoài truyền nhiễm.

( II ) Bệnh nhiễm trùng đường ruột (Bệnh do virus BmCPV - virus đa diện tế bào chất)

(1) Triệu chứng: Ở thời kỳ đầu khi phát bệnh, các triệu chứng không rõ rệt. Theo tình trạng bệnh nặng dần, tằm bệnh sẽ ăn dâu ít đi, chậm phát triển, cơ thể còi cọc, khiến quần thể tằm lúc này có kích thước không đồng đều và tình trạng ngủ thức không đều đặn. Thời kỳ sau khi phát bệnh, mình tằm mất đi độ căng bóng, phần ngực nửa trong suốt và có tình trạng "rỗng đầu", thải ra phân mềm liền mạch hoặc dịch bẩn, thời điểm nghiêm trọng nhất sẽ thải ra phân màu trắng. Khi phát bệnh, phần da ở ngực của tằm thức nhăn nheo, phần đuôi khá khô và bị co, có triệu chứng teo lại. Tằm bệnh sau khi giải phẫu có thể thấy ruột xuất hiện mủ sưng tấy màu trắng sữa.

(2) Biện pháp phòng trừ: ①Trước khi nuôi tằm, tiến hành tiêu độc triệt để phòng nuôi tằm, dụng cụ nuôi và môi trường xung quanh để tiêu diệt các loại vi khuẩn gây bệnh. Vào các thời kỳ của tằm, cần định kỳ dùng thuốc phòng bệnh số 1 cho tằm lớn, thuốc phòng bệnh số 1 cho tằm con và vôi bột tươi để tiêu độc mình tằm và nia tằm. ②Phân lứa tách tằm ngủ muộn nghiêm ngặt để loại bỏ tằm nhỏ yếu và tằm ngủ muộn, ngăn chặn lây nhiễm cho nia tằm. ③Tăng cường quản lý việc chăn nuôi, thời kỳ tằm lớn phải chú ý đề phòng nhiệt độ cao, ngột ngạt, chống ẩm ướt và chống đói. ④Tăng cường quản lý vườn dâu, tăng cường bón phân hữu cơ và tiêu diệt các loại côn trùng gây hại, đồng thời nâng cao chất lượng lá dâu. ⑤Khi phát hiện tằm bệnh phải kịp thời nhặt ra cho vào vại vôi bột sống để tiêu độc, sau 1 ~ 2 ngày thì chôn sâu vào đất.⑥Vào các thời kỳ của tằm, cho tằm ăn thêm các loại thuốc kháng sinh như Tằm Phục Khang số 1, Khắc Tằm Khuẩn Giao Nang hoặc Khắc Hồng Tố, có thể khống chế bệnh tình phát triển.

( III ) Bệnh do virus DNV (Bệnh rỗng đầu)

(1) Triệu chứng: Vào thời kỳ đầu khi tằm nhiễm bệnh, tằm chỉ xuất hiện

tình trạng kém ăn, phát triển không đồng đều, biểu hiện gồm hai loại là triệu chứng tằm teo lại và tằm rỗng đầu, trong đó rỗng đầu chiếm phần đa. Trạng thái teo lại xảy ra nhiều trong 1~2 ngày sau khi tằm ăn bữa đầu tiên, con tằm bệnh cơ bản không ăn lá dâu, mình tằm co lại đáng kể, da nhăn nheo, có màu vàng đục, thải ra phân lỏng màu nâu vàng. Triệu chứng rỗng đầu xảy ra nhiều ở thời kỳ giữa hai độ tuổi 4 và 5. Lúc này tằm bệnh ngừng ăn dâu và bò ra bốn phía của nia tằm, đầu và ngực ngẩng cao, phần ngực hơi phình, xuất hiện tình trạng nửa trong suốt, tằm đi phân mềm, lúc nghiêm trọng còn tiêu chảy, đi ra dịch bẩn màu nâu, sau khi chết xác tằm chuyển sang màu đen. Triệu chứng bên ngoài của bệnh này giống với bệnh nhiễm trùng đường ruột, nhưng sau khi giải phẫu, ruột tằm bệnh có màu nâu vàng mà không phải màu trắng sữa.

(2) Biện pháp phòng trừ: ①Tiến hành tiêu độc triệt để trước và sau khi nuôi tằm, trong quá trình nuôi cần chú ý tiêu độc nia tằm. ②Chọn giống tằm kháng bệnh là phương pháp hiệu quả nhất. ③Tăng cường phòng chống các loại sâu hại ở vườn dâu, ngăn chặn các loài côn trùng có độc hoang dã bên ngoài làm nhiễm bệnh lá dâu. ④Chú ý đề phòng nhiệt độ cao và ngột ngạt. ⑤Cho tằm dùng thêm các loại thuốc kháng khuẩn có tác dụng khống chế nhất định.

## II. Các bệnh nấm ở tằm và Biện pháp phòng trừ

( I ) Bệnh cương trắng

(1) Triệu chứng: Thời kỳ đầu khi tằm nhiễm bệnh cương trắng, nhìn bên ngoài và sức khỏe của tằm không có gì bất thường. Theo sự phát triển của tình trạng bệnh, sẽ xuất hiện các hiện tượng như tằm kém ăn, phản ứng chậm, vận động kém linh hoạt... Đến thời điểm một ngày trước khi chết, có những con tằm bệnh xuất hiện dịch nhờn trên thân hoặc các chấm bệnh màu nâu sẫm. Khi tử vong, đầu và ngực của xác tằm kéo dài về phía trước, cơ thể mềm nhão, rồi theo sự phát triển và sinh sản của vi khuẩn ký sinh bên trong mà chúng dần dần cứng lại. Từ 1~2 ngày sau, trên thân tằm chết dần mọc lên các sợi nấm khí sinh màu trắng. Sau cùng, ngoại trừ phần đầu, toàn thân tằm bị sợi nấm và các bào tử phân sinh dạng bột trắng bao phủ. Khi bị nhiễm và phát bệnh ở thời kỳ nhộng, sau khi

chết, nhộng tằm ở trạng thái khô quắt, riêng phần mô giữa các đốt mọc ra sợi nấm trắng và bào tử phân sinh.

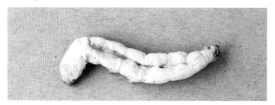

**Bệnh cương trắng**

(2) Biện pháp phòng trừ: ①Tiêu độc triệt để phòng nuôi tằm và dụng cụ nuôi để tiêu diệt vi khuẩn gây bệnh ở bên ngoài. ②Khi bệnh cương đang phát triển mạnh, dùng bột chống cương tiến hành tiêu độc mình tằm và nia tằm mỗi ngày một lần. ③Tăng cường phòng chống sâu hại vườn dâu, giảm thiểu ô nhiễm lá dâu. ④Nghiêm cấm sản xuất và sử dụng thuốc trừ sâu vi sinh vật cương trắng trong khu vực sản xuất dâu tằm. ⑤Số lượng đầu tằm trên nia tằm không được quá dày, phải thay phân thường xuyên; hàng ngày sử dụng các chất hút ẩm như than trấu, vôi bột sống... để đảm bảo duy trì nia tằm khô ráo. ⑥Ở các thời kỳ của tằm có thể cho ăn thêm thuốc hóa học chống cương như Khắc Cương số 1, Khắc Hồng Tố...

( II ) Bệnh cương xanh

(1) Triệu chứng: Tằm khi nhiễm bệnh, vào thời kỳ sau mới bắt đầu ăn kém đi, phát triển chậm, vận động không hoạt bát và mình tằm mất đi độ bóng. Giữa các đốt tằm xuất hiện số ít các chấm bệnh dạng vầng màu nâu đen hoặc dạng vân trắng với kích thước không đều. Các chấm bệnh đa số đậm màu ở phần viền, ở giữa màu nhạt hiện lên dạng vòng tròn. Các triệu chứng nghiêm trọng ở tằm bệnh gồm nôn mửa, kiết ly... Chấm bệnh sau khi hình thành, từ 1~2 ngày sau tằm ngừng ăn lá và không lâu sau thì tử vong. Khi vừa chết, mình tằm duỗi thẳng, mềm ra và có phần đàn hồi, thể sắc màu trắng sữa rồi dần dần cứng lại. Từ 2~3 ngày sau, phần mô giữa các đốt và phần khí khổng mọc ra các sợi nấm khí sinh màu trắng, về sau lan rộng ra toàn thân. Qua từ 6~10 ngày tiếp theo,

toàn thân tằm một màu xanh phủ.

**Bệnh cương xanh**

(2) Biện pháp phòng trừ: Cơ bản tương tự như bệnh cương trắng. Bệnh này nguyên nhân từ các loài côn trùng hoang dã bên ngoài lây nhiễm tương đối nhiều, do đó làm tốt công tác phòng chống sâu hại vườn dâu là đặc biệt quan trọng.

(Ⅲ) Bệnh Aspergillosis (Bệnh nhiễm nấm Aspergillus/chân khuẩn gây men)

(1) Triệu chứng: Bệnh chân khuẩn gây men có thể xảy ra ở mỗi giai đoạn phát triển của tằm, song gây hại nhiều nhất là với trứng tằm, tằm non và nhộng mềm. Dễ mắc bệnh chân khuẩn gây men nhất là tằm ở tuổi 1~2. Khi tằm kiến phát bệnh, ngay khi chưa thể quan sát được triệu chứng thì tằm đã chết. Xác tằm hơi ngả vàng, xuất hiện tình trạng co thắt cục bộ, qua 1~2 ngày, xác bị sợi nấm khí sinh quấn quanh, đồng thời mọc ra các bào tử phân sinh màu xanh vàng lông nhỏ dạng cầu. Tằm tuổi 3~5 đa phần chỉ phát sinh lác đác, bệnh tình phát triển tương đối chậm. Tằm bệnh đa số xuất hiện các chấm bệnh lớn dị dạng màu nâu đen ở hậu môn, khi sắp chết phần đầu và ngực rướn ra, tằm nôn mửa, sau khi chết chấm bệnh và các phần xung quanh cứng lại, còn các phần khác thì mềm ra, chuyển đen và thối rữa. Qua từ 1~2 ngày, phần cứng lại mọc ra sợi nấm trắng, rồi tiếp tục sinh ra các bào tử phân sinh màu xanh vàng, màu nâu và màu nâu lá cọ. Khi phát bệnh ở giai đoạn nhộng, mình nhộng chuyển sang màu nâu tối, có con trên biểu bì xuất hiện các chấm bệnh đen, sau khi chết thì xác khô quắt và teo cứng lại. Lúc này nếu độ ẩm cao, sợi nấm có thể chui qua tầng kén ở mình nhộng để hình thành nên kén mốc. Khi bảo vệ giống tằm, nếu gặp thời tiết có nhiệt độ và độ ẩm cao, bề mặt trứng tằm cũng dễ bị nấm Aspergillus ký sinh và

trở thành trứng mốc.

(2) Biện pháp phòng trừ: Cơ bản tương tự với các bệnh nấm khác. Vào thời tiết có nhiệt độ cao và ẩm ướt, cần đặc biệt chú ý làm tốt công tác phòng bệnh cho tằm con, nhộng mềm và trứng tằm.

## III. Các bệnh do vi khuẩn ở tằm và biện pháp phòng trừ

( I ) Bệnh ngủ rũ

(1) Triệu chứng: Bệnh này thuộc triệu chứng ngộ độc do vi khuẩn gây ra. Biểu hiện có hai dạng gồm ngộ độc cấp tính và ngộ độc mãn tính. Ngộ độc cấp tính: tằm ăn phải khá nhiều độc tố, phát bệnh nhanh, trong khoảng 10 phút đến vài giờ là đột nhiên dừng ăn, đầu ngực ưỡn lên, xuất hiện những cơn lắc kèm theo co giật, rồi sau đó ngã xuống chết. Ngộ độc mãn tính: lượng độc tố tằm ăn vào khá ít, qua 2~3 ngày sau mới dần có biểu hiện kém ăn, phát triển chậm, kế đó xuất hiện hiện tượng rỗng đầu, kiết ly, cơ bắp nhão, nằm liệt một bên rồi chết. Sau khi chết, phần giao giữa ngực - bụng tằm chuyển đen rất nhanh và thối rữa, đồng thời kéo dài ra hai đoạn đầu - đuôi, cuối cùng toàn thân tằm chuyển đen, các tổ chức bên trong cơ thể thối rữa và chảy nước.

(2) Biện pháp phòng trừ: ①Phải tiến hành tiêu độc triệt để phòng nuôi tằm, dụng cụ nuôi và nia tằm. ②Phải chú ý vệ sinh tiêu độc phòng trừ dâu. Không nên trữ dâu ẩm, tốt nhất là hái dâu ngày nào cho tằm ăn ngày đó, thời gian trữ lá không quá 24 giờ, lá dâu không nên xếp thành chồng quá dày. ③Phòng chống sâu hại vườn dâu, giảm thiểu nguồn truyền nhiễm. ④Khu vực nuôi tằm không được sử dụng thuốc trừ sâu vi sinh nấm. Nếu lá dâu bị loại thuốc trừ sâu này làm ô nhiễm, có thể dùng dung dịch bột tẩy trắng chứa 0,2%~0,3% Clorua để tiến hành tiêu độc mặt lá. ⑤Tăng cường quản lý việc nuôi tằm, thời kỳ tằm con cần cho tằm ăn no lá dâu tốt, thời kỳ tằm lớn cần bố trí thông gió, khử ẩm. Các quá trình nuôi tằm, lên né cần chính xác, giảm thiểu các tổn thương gây truyền nhiễm. ⑥Bổ sung kháng sinh. Dùng Tằm Phục Khang số 1 hoặc Khắc Tằm Khuẩn Vi Nang vào thời kỳ tằm thức và ăn mạnh ở tuổi 4, thời kỳ tằm thức, ăn mạnh và trước khi chín già ở tuổi 5, mỗi thời kỳ cho ăn 1 lần có tác dụng ngăn

ngừa. Khi phát sinh bệnh này, dùng Tằm Phục Khang số 1 hoặc Khắc Tằm Khuẩn Vi Nang cho tằm ăn 3 lần liên tiếp (cách 8 giờ ăn 1 lần), có thể khống chế hiệu quả bệnh này phát triển.

( Ⅱ ) Bệnh nhiễm trùng huyết

(1) Triệu chứng: Có nhiều loại vi khuẩn mà tằm dâu khi nhiễm phải sẽ dẫn đến nhiễm trùng huyết, tuy nhiên các triệu chứng khi phát bệnh về cơ bản giống nhau. Đầu tiên là tằm ngừng ăn dâu, cơ thể thẳng đơ, hành động đờ đẫn hoặc dựa yên vào nia tằm. Tiếp đó phần ngực phình to, các đốt ở phần bụng hóp lại, tằm hơi nôn mửa, đi phân mềm hoặc phân hạt tràng, sau cùng co giật mà ngã chết. Khi mới chết, màu sắc thân tằm không có khác biệt rõ ràng với tằm bình thường, không lâu sau thân tằm rã rời, đầu ngực nhướn ra, mềm nhão và biến sắc, nội tạng phân tách hóa lỏng, chỉ còn lại vài lớp vỏ ngoài bằng kytin. Khi gặp chấn động nhẹ, thân tằm rạn nứt và chảy ra dịch bẩn bốc mùi.Thường gặp một số dạng như sau.

①Bệnh bại huyết ngực đen. Không lâu sau khi tằm bệnh chết, đầu tiên đốt 1~3 từ ngực đến bụng tằm xuất hiện mảng đen màu xanh than, nửa thân trước rất nhanh sau đó chuyển màu đen.

②Bệnh bại huyết do vi khuẩn. Xác tằm bệnh biến sắc tương đối chậm, có lúc trên sống lưng xuất hiện chấm tròn nhỏ màu nâu, sau đó hóa lỏng theo

**Bệnh bại huyết linh khuẩn**

sự phân rã của các tổ chức bên trong cơ thể, toàn thân dần dần chuyển sang màu đỏ đào.

③Bệnh bại huyết đầu xanh. Tằm phát bệnh ở thời kỳ sau tuổi 5, không lâu sau khi chết, phần ngực lưng của xác liền xuất hiện đốm xác màu xanh lá trong suốt, dưới đốm xác có bọt khí. Tằm phát bệnh ở thời kỳ đầu tuổi 5, sau khi chết dưới đốm xác đa số không xuất hiện bọt khí màu xanh.

(2) Biện pháp phòng trừ: Tương tự như bệnh ngủ rũ.

( III ) Bệnh đường ruột do vi khuẩn (Bệnh vị tràng do vi khuẩn)

(1) Triệu chứng: Bệnh này thông thường là bệnh mãn tính, tằm sau khi nhiễm bệnh có biểu hiện kém ăn, cử động không hoạt bát, cơ thể còi cọc, phát triển không đều, thải ra phân dị dạng hoặc phân mềm, phân lỏng, thậm chí là dịch bẩn. Do thời kỳ phát bệnh và loại ký sinh trùng khác nhau mà có biểu hiện qua các triệu chứng sau đây.

①Triệu chứng co quắp. Xảy ra sau khi tằm ăn bữa đầu tiên lúc thức dậy ở các lứa tuổi. Biểu hiện ban đầu là tằm ăn rất ít dâu rồi dần dần ngừng ăn, phát triển chậm, cử động lờ đờ, sống lưng nhăn nheo, thể sắc vàng vọt không có độ bóng rồi sau cùng héo khô mà chết.

②Triệu chứng rỗng đầu. Xảy ra vào thời kỳ ăn mạnh ở các lứa tuổi. Lúc này tằm bệnh không muốn ăn, nửa đoạn trước của ống tiêu hóa màu xanh lá không có dâu mà chứa đầy chất lỏng, phần ngực phình to, có tình trạng rỗng đầu nửa trong suốt, góc đuôi nghiêng về phía sau, da tằm không còn căng bóng, thải ra phân mềm dị dạng rồi lần lượt chết.

③Triệu chứng kiết lỵ. Tằm bệnh thải ra phân mềm không thành hình hoặc phân hạt tràng, khi bệnh nặng thải ra niêm dịch gây ô nhiễm phần đuôi rồi dần dần tử vong, trước đó tằm thường có hiện tượng nôn mửa.

Bệnh đường ruột do vi khuẩn có triệu chứng khá giống với bệnh do virus DNV. Khi chẩn đoán, nếu sau khi loại bỏ tằm bệnh, đổi lá dâu tươi cho tằm ăn, cho uống thêm Cloramphenicol (kháng sinh), bệnh tình của tằm có chuyển biến tốt rõ rệt, có thể bước đầu chẩn đoán là bệnh đường ruột do vi khuẩn.

(2) Biện pháp phòng trừ: tương tự với biện pháp phòng trừ bệnh ngủ rũ.

## IV. Bệnh đốm tằm và Biện pháp phòng trừ

(1) Triệu chứng: Bệnh đốm tằm thuộc loại bệnh mãn tính, biểu hiện chủ yếu là tằm trưởng thành không đều, chênh lệch lớn về kích thước, phát triển chậm chạp, cơ thể còi cọc, màu da xám xỉn... Tằm kiến phát bệnh do nhiễm bệnh qua

phôi sẽ có biểu hiện 2 ngày sau khi nở trứng vẫn không thưa lông, thân tằm gầy gò, phát triển chậm, trưởng thành không đều rồi sau đó lần lượt tử vong; phát bệnh ở thời kỳ tằm lớn, con tằm sẽ xuất hiện tình trạng tằm ngủ muộn, trốn ngủ, tằm lột xác một nửa và tằm liền miệng, có tằm bệnh trên da xuất hiện những đốm bệnh nhỏ bất thường màu nâu đen, cắt dọc sống lưng có thể thấy tuyến tằm mất đi độ trong suốt vốn có, đồng thời có rất nhiều mảng đốm trắng sữa, hơn nữa tằm lại yếu ớt và dễ rạn nứt; khi phát bệnh ở thời kỳ tằm chín, đa số tằm không thể nhả tơ tạo kén hoặc chỉ kết được kén mỏng, rồi dần dần chết đi; nếu phát bệnh ở thời kỳ nhộng, đa phần sẽ là nhộng trần hoặc nhộng lột xác một nửa, nhộng bệnh da không căng bóng, phần bụng nhão, có con sống lưng cũng xuất hiện chấm bệnh màu nâu đen. Nhộng tằm nếu bệnh nhẹ vẫn có thể hóa bướm, song thời gian mọc cánh chậm hơn những con khỏe mạnh, hơn nữa cơ thể chúng còn yếu và không hoạt bát, khả năng giao phối kém, thời gian sinh tồn ngắn. Bướm ngài mang bệnh bên ngoài thường biểu hiện ra các triệu chứng như cánh cong, tinh đen, đuôi xém, lông trụi và bụng lớn; các triệu chứng của trứng bệnh gồm hình dáng dị dạng, kích thước không đồng nhất, rối loạn sinh sản và trứng chết khi thúc đẻ sớm.

(2) Biện pháp phòng trừ: ① Kiểm dịch nghiêm ngặt, loại bỏ giống phôi trứng truyền nhiễm. ② Làm tốt công tác tiêu độc phòng nuôi tằm, dụng cụ nuôi tằm và môi trường chăn nuôi. ③ Tăng cường phòng chống sâu hại vườn tằm, giảm thiểu nguồn truyền nhiễm từ bên ngoài. Nếu phát hiện lá dâu bị bào tử gai làm ô nhiễm, có thể dùng dung dịch bột tẩy trắng chứa 0,3% Clorua để tiến hành tiêu độc mặt lá. ④ Kịp thời loại bỏ tằm ngủ muộn, tằm nhỏ yếu, đảm bảo duy trì nia tằm luôn khô ráo và sạch sẽ.

## V. Các bệnh ký sinh trùng ở tằm và Biện pháp phòng trừ

( I ) Bệnh ấu trùng ruồi

(1) Triệu chứng: Tằm từ tuổi 3 đến tuổi 5 trước khi lên né đều có thể bị ấu trùng ruồi ký sinh. Tằm sau khi bị ký sinh, triệu chứng rõ rệt nhất là bộ phận bị ký sinh xuất hiện một đốm bệnh đen lớn có lỗ. Đốm bệnh khi mới xuất hiện, bên

trên sẽ dính kèm một vỏ trứng ấu trùng ruồi màu trắng sữa. Theo sự phát triển của ấu trùng, đốm bệnh dần to ra, đốt tằm có đốm thường xuất hiện sưng tấy hoặc vặn sang một bên, một con tằm bệnh khác biệt sẽ có màu tím. Khi tằm tuổi 3~4 bị ký sinh, đa phần trong khi ngủ không thể lột xác mà dẫn đến tử vong; nếu trước tuổi 5 bị ký sinh, đa số tằm không thể lên né tạo kén; khi bị ký sinh sau tuổi 5, tằm có thể nhả tơ tạo kén, nhưng sau khi ấu trùng trưởng thành sẽ cắn đứt vỏ kén để chui ra ngoài, tạo thành kén lỗ giòi. Xác tằm bệnh bị ấu trùng ruồi ký sinh và xác nhộng sau khi chết đều chuyển màu đen và thối rữa.

(2) Biện pháp phòng trừ: ①Cho tằm ăn thêm hoặc phun thuốc tiêu diệt ruồi tằm để phòng chống. Cách cho ăn: trộn đều hoàn toàn 500 lần dung dịch thuốc và lá dâu theo tỷ lệ 1:10 rồi cho tằm ăn, lượng cho ăn vừa đủ một lần ăn là được. Cách phun thuốc: cho 300 lần dung dịch thuốc vào dụng cụ phun, trước khi cho ăn 30 phút, phun đều lên mình tằm đến khi tằm ướt là đạt tiêu chuẩn, chờ mình tằm hơi khô thì cho ăn. Dù là cho ăn thêm hay phun thuốc lên mình tằm, thời kỳ dùng thuốc đều ở ngày thứ 3 của tuổi 4 và ngày thứ 2-4-6 của tuổi 5, mỗi ngày dùng 1 lần, sau đó phun thêm 1 lần vào sáng ngày tằm chín. ②Bố trí các thiết bị chống ruồi cho phòng nuôi tằm như cửa lưới, cửa sổ lưới. ③Thu gom và tiêu diệt ấu trùng ruồi, nhộng ruồi và côn trùng trưởng thành để giảm thiểu nguồn truyền nhiễm bệnh.

( II ) Bệnh bọ ve

(1) Triệu chứng: bệnh bọ ve, hay thường gọi là bệnh ve, là một loại bệnh cấp tính khi các loại ve ký sinh trên sống lưng của tằm, nhộng và bướm ngài, bơm độc tố vào trong chủ thể ký sinh rồi hút máu khiến chủ thể ngộ độc và tử vong. Chúng gây hại nghiêm trọng nhất ở thời kỳ tằm con tuổi 1~2, thời kỳ ngủ và nhộng mềm. Tình trạng bệnh của tằm non bị hại ở mức nguy kịch, rất nhanh sau đó tằm dừng ăn dâu, cơ thể co giật, đầu và ngực nhô ra, bị nôn mửa và không lâu sau thì chết, xác tằm không thối rữa; khi bị hại ở thời kỳ khỏe mạnh, tằm tử vong khá chậm; nếu tằm bị hại khi thức, cơ thể sẽ co lại, đồng thời có hiện tượng lòi rom; nếu bị hại trong thời kỳ ăn mạnh, thân tằm sẽ có triệu chứng mềm nhão,

thân dài ra, phần mô giữa các đốt luôn có đốm đen nhỏ, tằm thải phân dị dạng hoặc dạng lỏng màu nâu sậm; khi bị hại ở đầu thời kỳ hóa nhộng, thân nhộng thường xuất hiện đốm bệnh màu nâu đen, đồng thời phần đốt có thể thấy ve cái với bụng lớn, nhộng bệnh không thể mọc cánh, sau khi chết thì khô quắt và không dễ bị thối rữa.

(2) Biện pháp phòng trừ: ①Phòng chống nghiêm ngặt ngăn không cho bọ ve xâm nhập vào phòng nuôi tằm. Phòng nuôi tằm và dụng cụ nuôi không được xếp chồng lên nhau hoặc dùng để trải phơi bông vải, thóc lúa, cỏ lúa mì, hạt cải... ②Tiến hành xử lý tiêu độc phòng nuôi tằm và dụng cụ nuôi, tiêu diệt bọ ve. ③Khi phát hiện có bọ ve gây hại, phải kịp thời thay phân xếp tằm, dùng 300 lần dung dịch diệt nhặng tằm để xịt đuổi ve, hoặc dùng khói hun diệt rận để giết ve.

## VI. Các bệnh ngộ độc ở tằm và Biện pháp phòng trừ

( I ) Ngộ độc thuốc lá

Lá dâu trong phạm vi 100~150m từ cánh đồng thuốc lá đều có thể bị ô nhiễm Nicotin. Lá dâu một khi bị nhiễm Nicotin, trong vòng từ 30~60 ngày đều gây độc hại với tằm. Khi nuôi tằm ở gần các nhà máy sấy thuốc lá, Nicotin được tằm hít vào trực tiếp qua lỗ khí hoặc làm ô nhiễm lá dâu trên nia tằm, cũng sẽ dẫn đến ngộ độc. Khi mỗi kilogam lá dâu nhiễm hàm lượng Nicotin lên tới 5mg, tằm ăn vào sẽ dẫn tới ngộ độc cấp tính; khi mỗi kilogam lá dâu nhiễm 1~3 mg hàm lượng Nicotin, nếu liên tục cho ăn lá, cũng sẽ khiến tằm bị ngộ độc mãn tính.

(1) Triệu chứng : Khi tằm bị ngộ độc thuốc lá nghiêm trọng, trước tiên tằm dừng ăn lá, không hoạt động, nửa thân trước ngóc lên và cong về phía sau, phần đầu và đốt ngực đầu tiên bị co rút, phần ngực ngắn lại và phình to, tằm đi phân hạt tràng, tiếp đó nửa thân trên run lên co giật, đồng thời nôn ra dịch vị màu nâu đậm, sau cùng thân tằm cong lại, nằm xuống trên nia tằm và không lâu sau thì chết; những con tằm bị ngộ độc nhẹ, phần ngực phình to, không hoạt bát, không ăn dâu, đầu ngực hơi lắc lư. Những con tằm này nếu có thể kịp thời phát hiện và

thay phân, được đưa đến nơi thông gió và cho ăn lá dâu tươi không có độc, thì sau từ 2~24 giờ, đa phần có thể hồi phục lại bình thường.

(2) Biện pháp phòng trừ: Để phòng chống ngộ độc thuốc lá ở tằm, cần thực hiện "năm không". ①Không trồng thuốc lá trong phạm vi 150 m tới vườn dâu. ②Không nuôi tằm gần nhà máy sấy thuốc lá. ③Không dùng những dụng cụ đã dùng để trải phơi thuốc lá hoặc từng tiếp xúc với thuốc lá để xếp lá dâu hoặc nuôi tằm. ④Không thu gom thuốc lá trong phòng thúc trứng tằm, phòng nuôi tằm, phòng trừ dâu và những vùng lân cận khác. ⑤Nhân viên nuôi tằm không mang thuốc lá vào trong phòng nuôi tằm. Một khi phát hiện tằm bị ngộ độc thuốc lá, nên nhanh chóng điều tra rõ và loại bỏ nguồn gốc gây độc, mở cửa sổ phòng tằm để thoát khí, kịp thời thêm lưới thay phân và cho tằm ăn lá dâu tươi không có độc.

( II ) Ngộ độc thuốc trừ sâu nhóm lân hữu cơ

Thuốc trừ sâu nhóm lân hữu cơ chủ yếu có tác dụng phá hủy hệ thần kinh của côn trùng, làm rối loạn quá trình truyền kích thích bình thường của hệ thần kinh. Các loại thuốc trừ sâu nhóm lân hữu cơ thường dùng gồm có Trichlorfon, DDVP, Dimethoate, Phoxim, Malathion và Phenthoate...

(1) Triệu chứng: Tằm bị ngộ độc rất nhanh sau đó sẽ dừng ăn, đầu và ngực ngẩng cao, tằm bò ra tứ phía và không ngừng lăn lộn, miệng nôn ra dịch vị làm ô nhiễm toàn thân, đoạn sau của phần bụng và đuôi co lại, sau đó ngã sang một bên, phần đầu rướn ra, ngực phình to, qua từ 10 phút đến vài chục phút thì tử vong.

(2) Biện pháp phòng trừ: Khi vườn dâu đang sử dụng loại thuốc trừ sâu nhóm lân hữu cơ để trị côn trùng, không được pha chế thuốc trong vườn dâu. Phải chú ý nắm rõ các loại thuốc trừ sâu, nồng độ và liều dùng, sau khi rải thuốc cần nhớ kỹ thời gian để lại tàn dư của thuốc, sau khi hết mới tiếp tục hái lá nuôi tằm. Không được dùng phòng nuôi tằm và dụng cụ nuôi tằm để lưu trữ và đặt thuốc trừ sâu, nhân viên nuôi tằm không được tiếp xúc trực tiếp với thuốc trừ sâu. Khi nghi ngờ lá dâu bị nhiễm thuốc trừ sâu, trước tiên hái một lượng ít cho tằm ăn, khi chứng minh lá không có độc mới được hái số lượng lớn cho tằm.

Sau khi phát hiện tằm bị ngộ độc thuốc trừ sâu nhóm lân hữu cơ, phải nhanh chóng mở cửa sổ phòng tằm để thông gió, thoát khí, kịp thời thêm lưới thay phân, cho tằm ăn lá dâu tươi không có độc rồi dùng dung dịch Pralidoxime, Atropine sulfate... phun lên mình tằm hoặc dùng nước sạch rửa sạch cho tằm để giải độc.

(Ⅲ) Ngộ độc thuốc trừ sâu nhóm nitơ hữu cơ

Các loại thuốc trừ sâu nhóm nitơ hữu cơ chủ yếu gồm có Carbaryl, Bisultap, Chloromethiuron, Cartap, MTMC, Isoprocarb và Carbofuran..., cơ chế chủ yếu để diệt côn trùng của thuốc trừ sâu nhóm nitơ hữu cơ là khống chế hoạt tính của Cholinesterase.

(1)Triệu chứng: Bisultap có tác dụng cực mạnh tới tằm qua đường tiêu hóa, tiếp xúc, hun nóng và hít vào phổi. Tằm sau khi ngộ độc có triệu chứng tê liệt, mất cảm giác, tức là tằm ngộ độc lúc này thường nằm sấp xuống, không ăn dâu, không cử động, không nôn ra nước, không biến sắc. Tằm bị ngộ độc nhẹ sẽ tê liệt theo giờ hoặc sau từ 1~2 ngày thì phục hồi, ăn dâu trở lại, sau đó dần hồi phục sức khỏe theo lượng dâu ăn tăng dần, cuối cùng cũng có thể nhả tơ tạo kén. Khi bị ngộ độc vào thời kỳ sau của tuổi 5, những con ngộ độc nhẹ có thể lên né, nhưng đa phần nhả ra tơ phẳng cứng hoặc không tạo kén. Con bị ngộ độc nặng sẽ tê liệt, sau 6~7 ngày thì héo quắt và chết, nhưng xác không bị thối rữa.

(2)Biện pháp phòng trừ: Thời gian để lại tàn dư của thuốc trừ sâu nhóm nitơ hữu cơ tương đối dài và có độc tính cực mạnh với tằm, do đó không nên sử dụng trong vườn dâu tằm và các cây trồng xung quanh vườn dâu tằm để điều trị côn trùng, đặc biệt là khu vực nuôi tằm phía Nam có lứa vụ nuôi tằm khá dày thì nên cấm sử dụng. Cần phòng chống ô nhiễm phòng tằm và dụng cụ nuôi, nhân viên nuôi tằm cũng không được tiếp xúc với loại thuốc trừ sâu này. Nếu nghi ngờ lá dâu bị ô nhiễm, cần hái số lượng ít cho tằm ăn trước, sau khi chắc chắn không có độc mới hái số lượng lớn cho tằm. Với tằm bị ngộ độc Bisultap nhẹ có thể dùng Adrenalin hydrochloride rửa tằm để giải độc.

(Ⅳ) Ngộ độc thuốc trừ sâu thuộc nhóm Pyrethroids

Các loại thuốc trừ sâu thuộc nhóm Pyrethroids gồm có Fenvalerate, Permethrin, Cypermethrin, Deltamethrin và Flucythrinate... Khi bị ngộ độc thuốc trừ sâu nhóm này, tằm có biểu hiện nôn mửa, chân đi lùi, lăn lộn, mình gập về hướng lưng và bụng, đồng thời cuộn thành hình xoắn ốc, sau cùng nôn ra nhiều dịch rồi lòi rom mà chết. Tằm ngộ độc nhẹ sau từ 1~2 ngày có thể hồi phục bình thường.

(V) Ngộ độc florua

Các nhà máy nhiệt điện, nhà máy xi măng, nhà máy gạch, nhà máy hóa chất, nhà máy phân bón, nhà máy thủy tinh, nhà máy gốm sứ và nhà máy luyện kim... trong quá trình sản xuất thải ra môi trường một lượng lớn khí thải chứa florua, làm lá dâu bị nhiễm độc. Tằm sau khi ăn lá dâu bị nhiễm florua sẽ dẫn đến ngộ độc. Triệu chứng của tằm ngộ độc florua có hai loại cấp tính và mãn tính.

(1) Triệu chứng. Tằm bị ngộ độc mãn tính thường có những biểu hiện như ăn kém, chậm lớn, ngủ ít, kích thước thân không đồng đều, cơ thể còi cọc, da nhăn nheo, thể sắc vàng vọt. Phần mô giữa các đốt tằm riêng lẻ nhô ra như đốt tre. Trường hợp tằm bị ngộ độc nặng, cũng có hiện tượng phần mô giữa các đốt xuất hiện đốm đen dạng chấm hoặc dạng dây. Ngộ độc cấp tính đa phần xảy ra ở tằm lớn tuổi 4~5, do tằm lớn ăn lá dâu chín, florua tích tụ trong lá nhiều, hơn nữa còn ăn với số lượng lớn nên dễ dẫn đến ngộ độc cấp tính. Khi ngộ độc cấp tính xảy ra lúc tằm thức dậy, sau khi cho ăn bữa đầu tiên, cả lứa tằm đều kém ăn trong vài ngày, thể sắc nâu vàng không chuyển xanh. Khi ngộ độc cấp tính xảy ra trong thời kỳ ăn mạnh, tằm có biểu hiện ăn ít đột ngột, tàn dâu rất nhiều, tằm có triệu chứng đờ đẫn, không nhanh nhẹn linh hoạt, khi lật ngửa thân tằm, tằm khó tự lật lại mình để bò, tằm ngộ độc cấp tính lần lượt tử vong rất nhanh, trước khi chết có hiện tượng nôn ra dịch.

(2) Biện pháp phòng trừ. Khi xây dựng mới vườn dâu, cần cân nhắc việc xây cách xa các nhà máy ô nhiễm, khoảng cách thông thường không dưới 1km và xa hơn 10km với các nhà máy ô nhiễm nặng (như nhà máy nhôm). Lựa chọn

giống tằm nuôi có sức kháng florua mạnh và sắp xếp dùng lá hợp lý... cũng là những biện pháp tốt để phòng chống ngộ độc florua. Khi lá dâu bị nhiễm florua, có thể dùng nước vôi trong xịt rửa để giải độc, cách làm: lấy nước vôi 1% xịt lên cây dâu, hai mặt lá dâu đều phải phun ướt, sang ngày tiếp theo có thể hái lá cho tằm ăn. Hoặc định kỳ (cách từ 6~7 ngày) dùng nước vôi xịt cây dâu một lần. Với những lá dâu hái về, ngâm rửa trong nước vôi trong bão hòa hoặc dùng nước sạch ngâm rửa cũng có thể giảm đáng kể tính độc hại của florua.